U0156921

鳞翅目幼虫
彩色图鉴

Larva of the Lepidoptera

石宝才 宫亚军 魏书军 陈金翠 马丽君 曹利军 著

中国农业出版社
北 京

鳞翅目是昆虫纲中物种多样性最为丰富的类群之一，发育阶段经历卵、幼虫、蛹和成虫，属于全变态类昆虫。鳞翅目幼虫形态多样，既有个体大小上的不同，也有形状的差异，更有颜色的变化。鳞翅目中包含了许多重大农林害虫，这些害虫主要在幼虫期造成危害，人们看到的鳞翅目昆虫多为幼虫阶段。因此，幼虫期的准确识别是进行害虫防控的重要基础。目前，无论是学术专著还是科普作品，通常对鳞翅目成虫进行描述，少有侧重于鳞翅目幼虫方面的著作。

石宝才研究员数十年来走遍北京地区的农田、森林、果园和山川，采集拍摄了大量农林生态系统的幼虫图片，经过系统的幼虫分类和识别，编著完成了该书的内容。继我国在1979年编著出版的《蛾类幼虫图册》手绘版之后，该书是目前我国唯一以鳞翅目幼虫为题材的原色生态图鉴。该书的出版，倾注了作者大量心血，尤其是图片的拍摄更是汗水的结晶。种类的鉴定是作者在搜集和查阅大量文献资料的基础上给出的鉴定结论。

书中涉及193种鳞翅目昆虫，分别隶属于32个科，包括了大量重要农林业害虫及许多罕见的昆虫种类，该书的出版可为农、林业生产中鳞翅目幼虫防控提供可视化鉴定的参考。该书尽可能提供幼虫不同角度的清晰图片，可更直观看到其背面、侧面、头部和尾部的形态特征，使得识别和确定种类更加简单容易，不具备专业知识也可识别。

该书适用于科研、教学、推广、生产和科普，具有很高的学术价值和应用价值。

张莹诚

2021年6月

CONTENTS 目 录

Part 1 绪论

鳞翅目昆虫简介

鳞翅目昆虫包括人们常见的蛾类和蝶类，属于六足总纲（Hexapoda）昆虫纲（Insecta）内翅部（Endopterygota）全变态类（Holometabola）昆虫，其中蛾类是一个并系类群。全世界已知鳞翅目昆虫约16万种，分属于47个总科124个科，占已知生物种类的1/10，是昆虫纲中仅次于鞘翅目的第二大目，其中我国生物名录中已收录6792种。据估计，全球现存鳞翅目昆虫种类约50万种，即使每年800～1000种新种被发现和描述，目前尚有大量鳞翅目的种类未被鉴定和发现。

鳞翅目成虫具有两对翅膀，翅面、身体具微小的鳞片并形成各种斑纹，故名鳞翅目。成虫口器呈吸管状，即虹吸式口器。蛾类成虫的触角为羽毛状或丝状，而蝶类成虫触角为棒状。大多数蛾类成虫后翅具有翅缰，即在前缘基部的一根或多根硬刚毛，飞行时用于连锁前后翅。蛾类成虫多数在夜间活动，蝶类成虫多数在白天活动。

▲鳞翅目成虫翅面的鳞片（菜粉蝶）

▼鳞翅目成虫的虹吸式口器（小豆长喙天蛾）

鳞翅目昆虫分布范围极广，遍布除南极洲以外的各大洲，从沙漠到热带雨林，从低地草原到山地高原的各种陆地均是该类昆虫的栖息地。然而，绝大多数鳞翅目昆虫分布在热带地区。

▲ 葡萄虎蛾丝状触角
▼ 黄钩蛱蝶棒状触角

▲ 樗蚕蛾羽状触角
▼ 大红蛱蝶棒状触角

鳞翅目昆虫生活史

鳞翅目昆虫的一生经历卵、幼虫、蛹和成虫4个发育阶段，每个发育阶段的形态特征完全不同，属于全变态类昆虫。

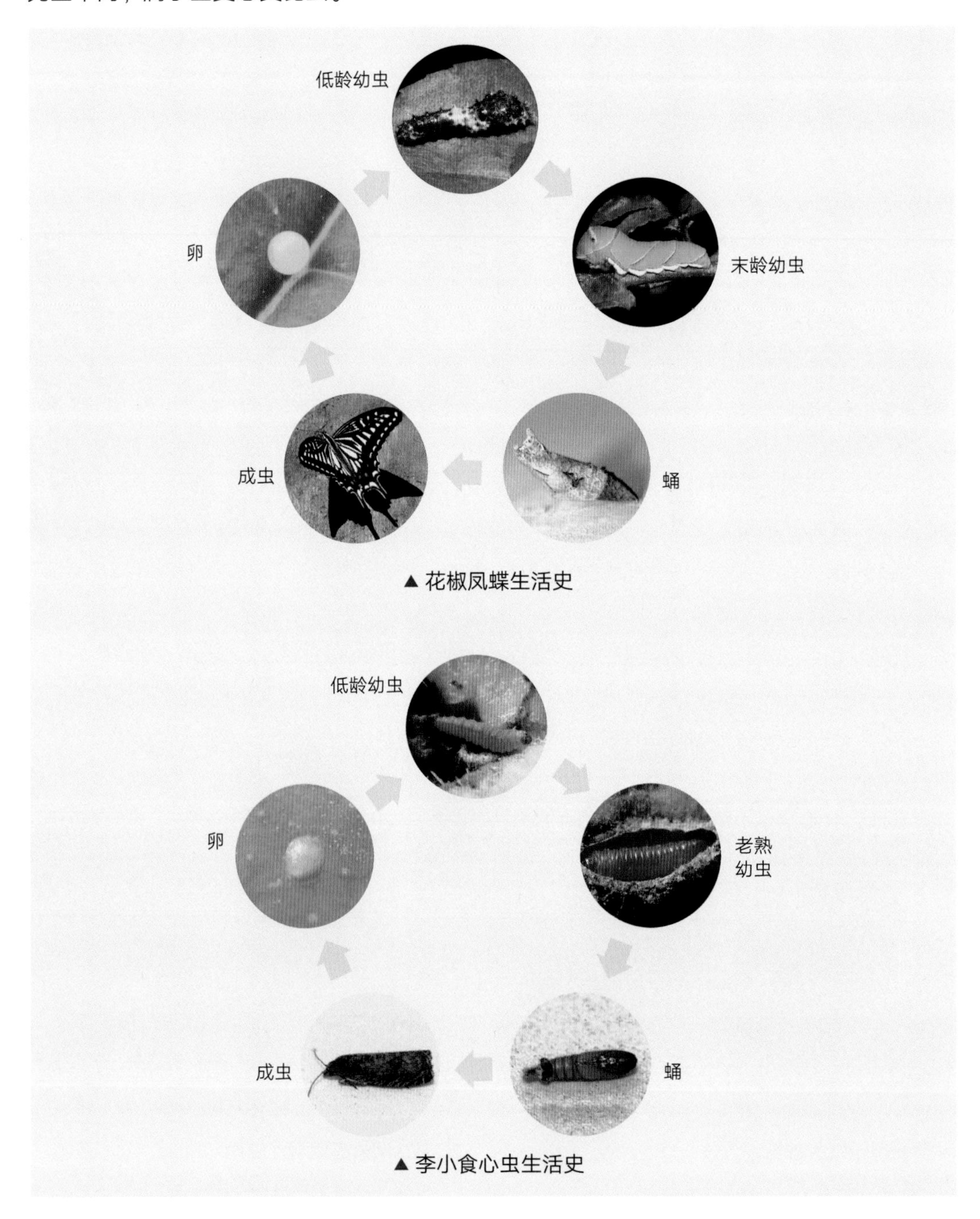

▲ 花椒凤蝶生活史

▲ 李小食心虫生活史

鳞翅目昆虫的卵静止不动，单产或块产，卵期因种类和所处环境而不同，短的2天，通常10 ～ 30天，越冬卵时间最长，可达数月。

鳞翅目幼虫为多足型，绝大多数种类的幼虫取食植物，体型较大者常食尽叶片或钻蛀枝干，体型较小者往往卷叶、缀叶、结鞘、吐丝结网或钻入植物组织中取食为害。

▲ 鳞翅目昆虫的卵

A：菜青虫的卵　B：苹掌舟蛾的卵

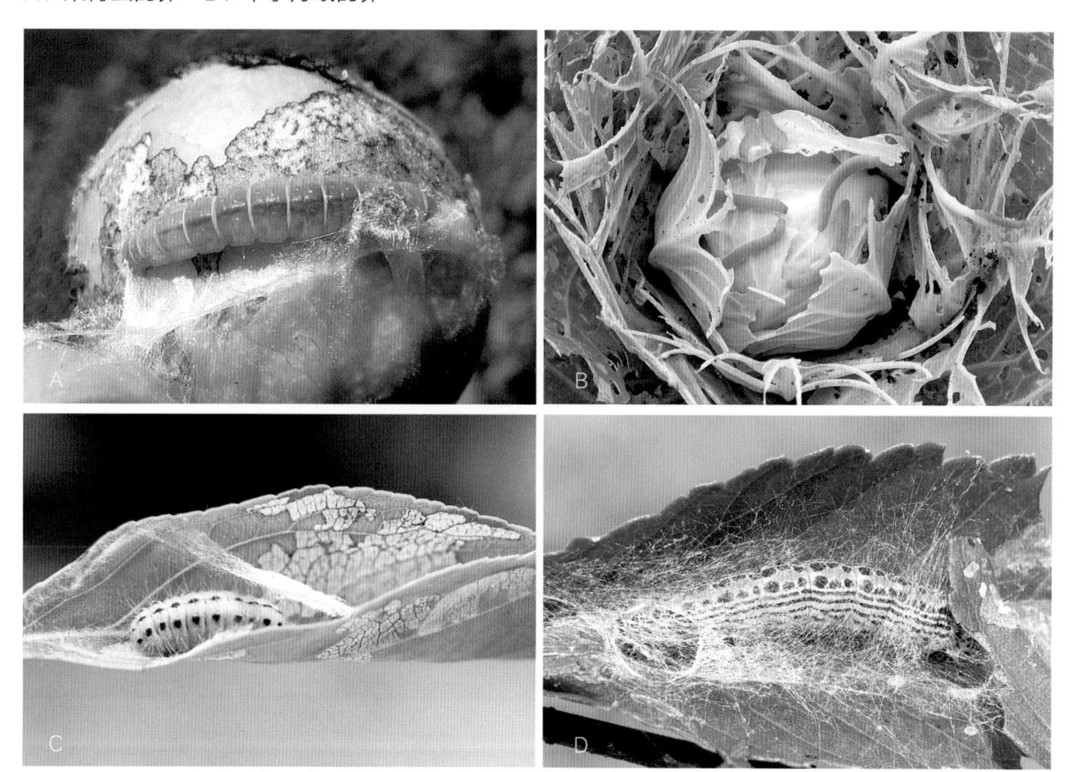

▲ 鳞翅目幼虫取食造成的为害状

A：苹小卷叶蛾啃食果实表面　B：菜粉蝶取食甘蓝　C：梨星毛虫卷叶状　D：大豆网丛螟吐丝结网状

大多数鳞翅目昆虫的蛹是被蛹。在化蛹前，老熟幼虫停食、迁移、寻找化蛹场所，有些在土中化蛹，有些卷叶或在枝条上结茧化蛹，茧上常伴有幼虫毛、分泌物、排泄物、木屑或枯叶。

鳞翅目成虫多通过取食花蜜、熟果、动物尸体或其他发酵液体等补充营养，或口器退化不再取食，一般不造成直接危害。

▲ 鳞翅目昆虫的茧（黄刺蛾）
▼ 鳞翅目成虫取食花蜜（菜粉蝶）
▶ 鳞翅目昆虫的蛹（芽白小卷蛾）

鳞翅目幼虫及其形态特征

鳞翅目幼虫俗称蠋，又被人们称为毛毛虫，英文为caterpillar，但是caterpillar并不是单指鳞翅目幼虫，还包括膜翅目叶蜂的幼虫。许多鳞翅目幼虫在英文中被称为worm，如silkworm（蚕），armyworm（黏虫）。

鳞翅目幼虫阶段通常是其生活史中时间最长的发育阶段。初孵幼虫有的会吃掉卵壳，然后开始大量摄食，并经历几次蜕皮（一般4～6次，每蜕皮一次增长一龄），之后开始化蛹。最后一个龄期的幼虫称为末龄幼虫，化蛹前的幼虫称为老熟幼虫，有时老熟幼虫也指末龄幼虫，但两者有时差异很大（如刺槐掌舟蛾和著蕊舟蛾）。幼虫骨化部分随着虫龄的增长而呈间断式增大，因此头壳和上颚的长宽等参数是划分龄期的重要依据。

鳞翅目幼虫通常具有圆柱形身体，分节。头壳骨化，咀嚼式口器，多为下口式。上颚发达，适合咀嚼。下唇前颏端部有一个吐丝器。触角2～3节。无复眼，头部两侧各具有6个侧生的单眼。胸部具有3对胸足。腹部一般具有5对腹足，着生在第3～6腹节和第10腹节，第10腹节上的腹足又叫臀足（尾足）。腹足的数目有时较少，如尺蛾科一般仅在第6腹节及第10腹节上各有1对。

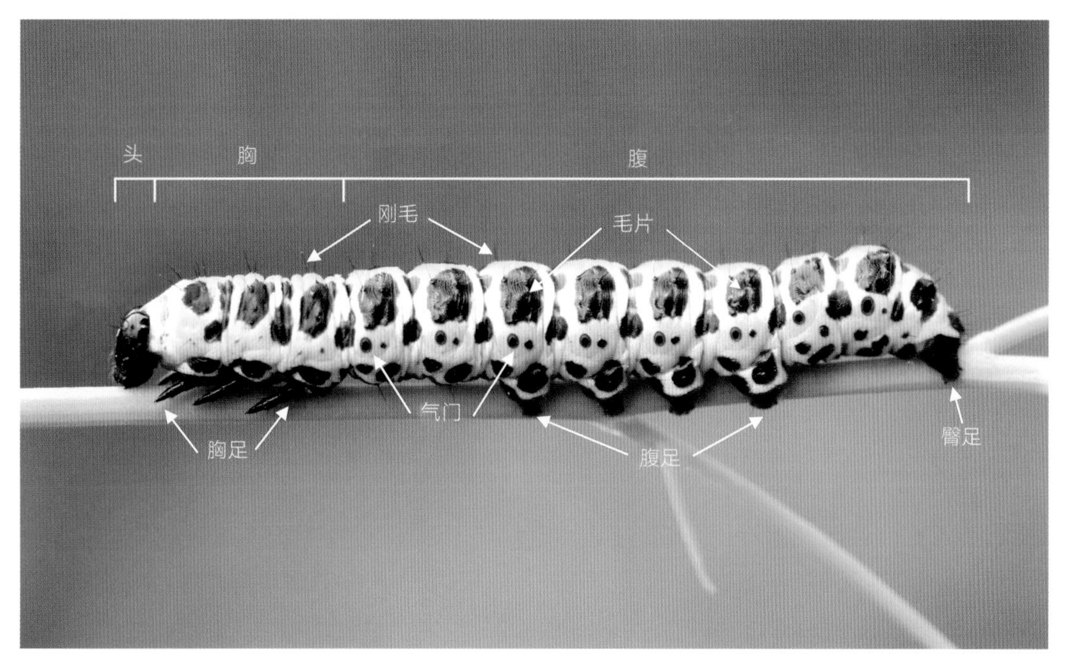

▲ 鳞翅目幼虫的构造（莴笋冬夜蛾）

鳞翅目幼虫腹足的端部具有其特有的趾钩，以帮助行动。趾钩的排列有各种形式，通常趾钩为1排，少数为2排，也有3排或更多。1排的称为单排，2排的称为双行，3排或更多排的称为多行。1排的趾钩，若长度相等，称为单序；若趾钩长短交替，称为双序；如有3种不同长度交替排列，称为三序。趾钩排列的形状有各种形式，如环形、缺环、中带（趾钩排成与身体纵轴平行的弧形）、二横带（趾钩排成与身体纵轴垂直的两列）等。趾钩的排列方式是幼虫分科的重要依据。

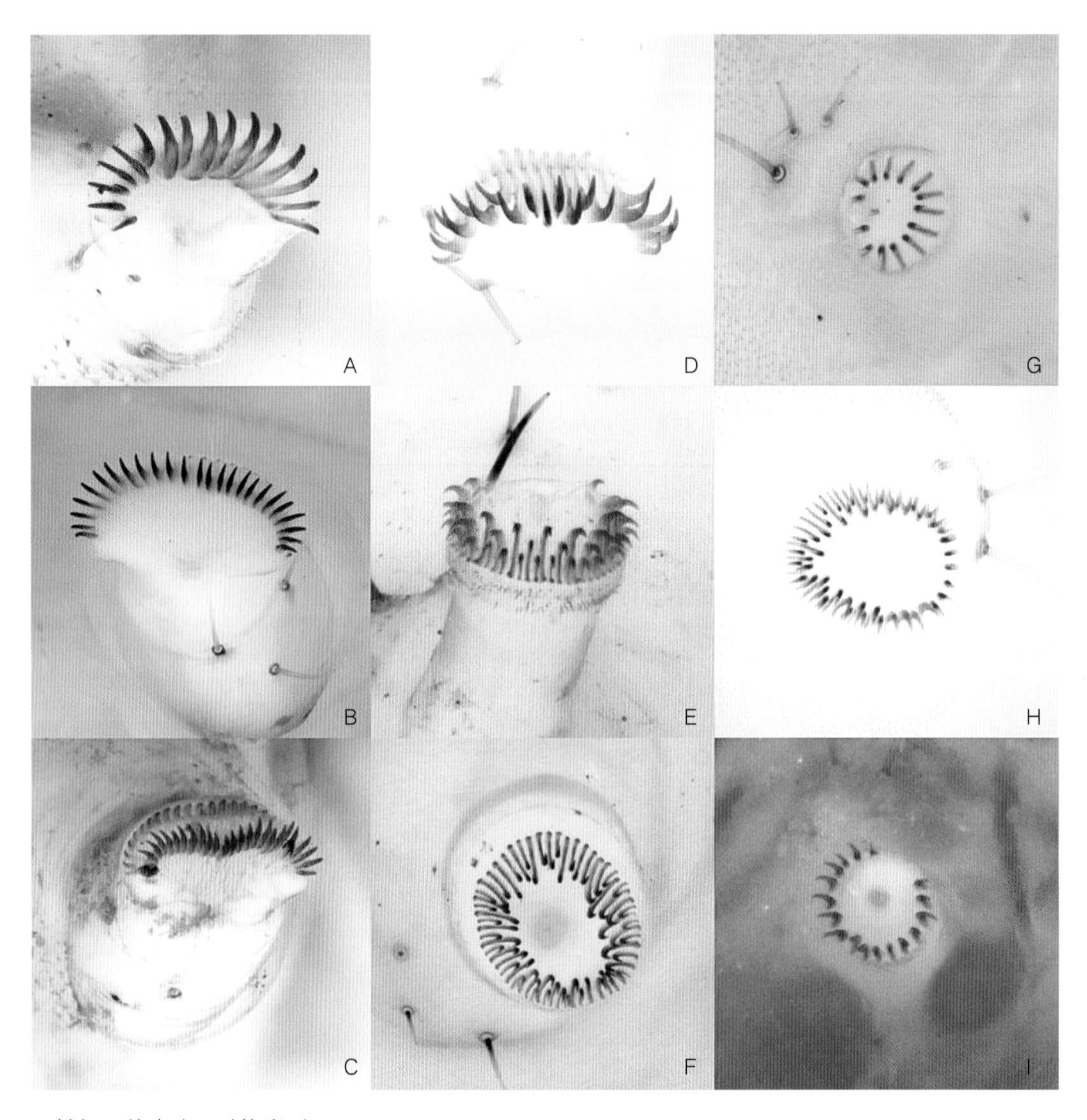

▲ 鳞翅目幼虫腹足趾钩类型

A：弱双序中带（棉铃虫 / 夜蛾科） B：单序中带（甘蓝夜蛾 / 夜蛾科） C：弱双序中带（*Copitarsia* 属 / 夜蛾科） D：双序中带（粉纹夜蛾 / 夜蛾科） E：三序缺环且腹足基部一排有微棘刺（黄瓜绢野螟 / 草螟科） F：三序环状（*Diatraea lineolata*/ 草螟科） G：单序环状（*Crocidosema plebejana*/ 卷蛾科）H：不规则的三序环状（*Thaumatotibia leucotreta*/ 卷蛾科） I：单序缺环（棉红铃虫 / 麦蛾科）

鳞翅目幼虫身体上分布有很多刚毛，分为原生刚毛、亚原生刚毛和次生刚毛3类。原生刚毛从1龄幼虫起便已出现，而亚原生刚毛在2龄以后才出现。次生刚毛数目多而位置十分不规则，长短也不一致。原生刚毛和亚原生刚毛的数量比较少，并且位置稳定，分布很规则。对于原生刚毛和亚原生刚毛的排列和命名称为毛序。刚毛排列的方式是鳞翅目幼虫分类学上的主要特征。

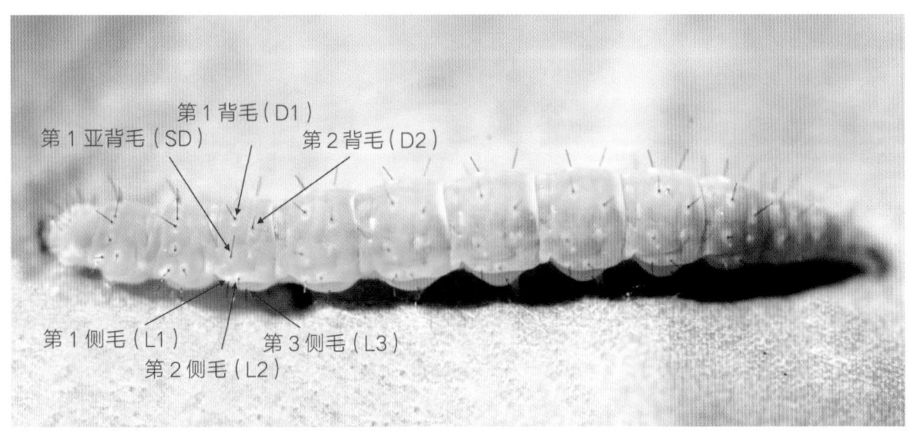

▲ 鳞翅目幼虫主要毛序示意图（小菜蛾）

鳞翅目幼虫重要科的特征

细蛾科：虫体较扁平。胸足和腹足经常退化，如有腹足，仅存在于第3 ~ 5腹节及第10腹节上，一般第6腹节上无腹足，趾钩为单序或双序，横带或缺环。

潜蛾科：幼虫多潜入叶片上下表皮间的叶肉组织内为害，因此得名。幼虫老熟后由潜痕内钻出。

巢蛾科：幼虫只有原生刚毛，前胸气门前具有 3根毛，腹足趾钩为多行环。

▲ 腹足退化（金纹细蛾 / 细蛾科）

▲ 原生刚毛（冬青卫矛巢蛾 / 巢蛾科）

菜蛾科：幼虫体圆柱形，细长，体长15～25毫米，通常绿色。趾钩为单序或二序环。臀足长，向后斜伸。行动活泼，常取食植物叶肉，造成网状花纹的被害状。

卷叶蛾科：幼虫体圆柱形，体长10～25毫米，前胸气门前的骨片上具有3根刚毛。肛门上方常有梳状片，称臀栉。趾钩为双序或三序环。幼虫卷叶、缀叶和蛀果等。

斑蛾科：幼虫体长14～18毫米，头部小，缩入前胸内，体具扁毛瘤，上生短刚毛。趾钩单序中带。

刺蛾科：幼虫蛞蝓形、长球形或扁椭圆形，体色鲜明。头缩在胸内，胸足小或退化，腹足呈吸盘状，无趾钩。体背侧多生枝刺，上有毒刺和棘刺两种刺毛，前者中空有毒液，刺入人体后疼痛，后者端部有倒钩，刺入皮肤后又痒又疼，故称洋辣子。

▲ 臀足长（小菜蛾 / 菜蛾科）　▲ 趾钩（李小食心虫 / 卷叶蛾科）
▼ 扁毛瘤（榆叶斑蛾 / 斑蛾科）　▼ 头部与枝刺（黄刺蛾 / 刺蛾科）（①头缩在胸内　②枝刺）

木蠹蛾科：幼虫体粗壮，体长30～50毫米，多为红色，前胸背板与臀板多具色斑，体被原生刚毛。趾钩排列成环、缺环或横带。幼虫钻入树木中为害。

凤蝶科：幼虫体圆筒形，光滑，体色鲜艳。一般头小于前胸，前胸背面前缘具横沟，内藏1对能伸缩的橘红色或橙黄色的叉状腺，呈Y形或V形，受惊动时可伸出并散发出浓的酸味，称"臭Y腺"，后胸隆起。趾钩为双序或三序中带。

粉蝶科：幼虫体圆筒形，多绿色或黄色，密被绿色或黄色短绒毛，被次生刚毛，着生于毛突上，每体节分为4～6个小横皱。趾钩为双序或三序中带。

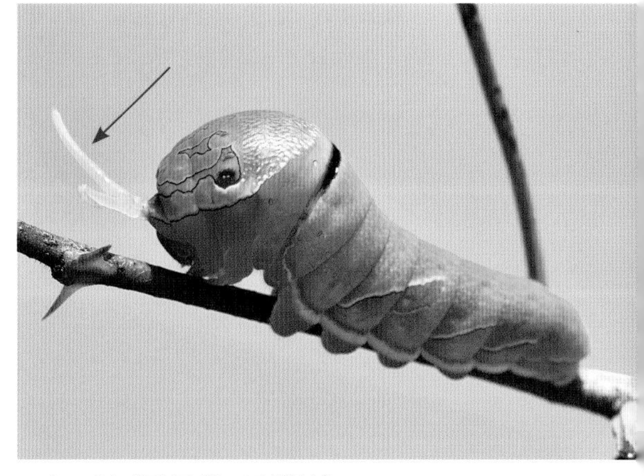

▲ 臭Y腺（碧凤蝶 / 凤蝶科）

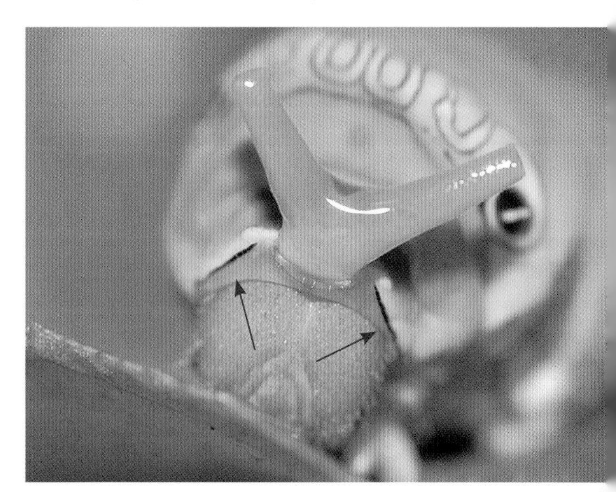

▲ 横沟（花椒凤蝶 / 凤蝶科）

▲ 原生刚毛（咖啡木蠹蛾 / 木蠹蛾科）

▲ 小横纹（菜粉蝶 / 粉蝶科）

蛱蝶科：幼虫头部常有枝刺，体上有突起，通常色深。有些种类幼虫体无突起，头部有一对角状突起。若幼虫体无枝刺，则仅具许多小颗粒状突起。趾钩为单序或三序中带。

蛀果蛾科：幼虫趾钩为单序环式。主要蛀食果实。

绢蛾科：幼虫具明显的次生刚毛。趾钩双序、三序或多序，环状或缺环状。

麦蛾科：幼虫仅有原生刚毛，前胸L具有3根毛，腹节的L1邻近L2，第9腹节两D2间的距离较第8腹节两D1间的距离大，肛门上常有臀栉。

▲ 枝刺（黑脉蛱蝶 / 蛱蝶科）

▼ 原生刚毛（四点绢蛾 / 绢蛾科）

▲ 蛀果（桃小食心虫 / 蛀果蛾科）

▼ 原生刚毛（黑星麦蛾 / 麦蛾科）

螟蛾科：幼虫体细长，10 ～ 35毫米，体表光滑，毛稀少。仅有原生刚毛，前胸气门前片具有2根毛。腹足5对，趾钩为双序环或缺环，如为单序或三序，则中后胸的SV具有2根毛。

舟蛾科：幼虫体多为中型，体长25 ～ 50毫米，体形奇特多变，颜色鲜艳。常有峰突、角突或刺突等。腹足5对，趾钩单序中带。臀足常退化或特化为棒状、枝状。前胸腹面近前缘处有翻缩腺。栖息时首尾翘起如舟形，故称舟形毛虫。

夜蛾科：幼虫小到中型，体长25 ～ 50毫米，体粗壮少毛，多数种类只有原生刚毛，少数种类具毛瘤、枝刺或次生刚毛。前胸气门前侧毛L一般具有2根毛，个别具有1根毛(如大螟)。腹足一般5对，个别3 ～ 4对（第3或第3 ～ 4腹节的腹足退化）。趾钩为单序中带。

▲ 前胸气门前片的原生刚毛（缀叶丛螟 / 螟蛾科）

▼ 枝刺（栎枝背舟蛾 / 舟蛾科）

▲ 角突及臀足特化为棒状（燕尾舟蛾 / 舟蛾科）（①角突　②臀足）

▼ 腹足退化（银纹夜蛾 / 夜蛾科）

毒蛾科：幼虫体中型，体长25 ～ 70毫米，体色多鲜艳。毛很多，有次生刚毛，长在毛瘤上，长短不齐。在第6 ～ 7腹节背中央有翻缩腺。腹足5对，趾钩单序中带。

灯蛾科：幼虫体中型，体长25 ～ 50毫米，密被长的次生刚毛，其长短比较一致，着生在显著的毛瘤上，无翻缩腺（与毒蛾科的区别）。腹足5对，趾钩为单序中带。

凤蛾科：幼虫体壁密布蜡腺，能分泌白色粉末状物。

◀ 翻缩腺及次生刚毛（盗毒蛾 / 毒蛾科）
（①翻缩腺　②次生刚毛）
◀ 白色分泌物（榆凤蛾 / 凤蛾科）
▲ 次生刚毛（奇特望灯蛾 / 灯蛾科）

尺蛾科：体小至中型，多圆且细长，体长20～50毫米，腹足2对（在第6腹节和第10腹节上），爬行时虫体似拱桥状伸曲有进，称“造桥虫”或“步曲”。拟态性强，固定在树枝上时，其颜色与形状均像树枝，不易被发现。

枯叶蛾科：体中到大型，体长40～90毫米，体粗壮多毛，体上的次生刚毛长短不齐，无毛瘤。在前胸足的上方有1～2对突起。趾钩为双序中带或缺环。

箩纹蛾科：幼虫与成虫颜色较为相近。其中紫光箩纹蛾低龄幼虫背部有多条刺，但不是毛，这种刺是没有毒的。幼虫尾部能发出独特的爆裂声。幼虫排出的粪便与天蛾科、大蚕蛾科、蚕蛾科幼虫所排出的粪便相近似。

蚕蛾科：幼虫体中到大型，体长40～90毫米，第8腹节也有尾角，与天蛾科近似。每个体节只分2～3个小节或不分小节。趾钩双序中带。

▲腹足（春尺蛾 / 尺蛾科）
▼枝刺（黄褐箩纹蛾 / 箩纹蛾科）

▲无毛瘤的次生刚毛
（绵山天幕毛虫 / 枯叶蛾科）
▼尾刺及体节不分小节（野蚕蛾 / 蚕蛾科）
（①尾刺　②体节不分节）

天蚕蛾科：幼虫体中到大型，粗壮，体长50～90毫米，头圆形，体上有许多枝刺或有延长的突起。

天蛾科：幼虫体粗壮，圆筒形，体长35～100毫米，体上无显著的毛，每个体节分为6～8个小节，第8腹节背面有一尾角。趾钩双序中带。

◀ 突起（樗蚕蛾 / 天蚕蛾科）
◀ 枝刺（绿尾大蚕蛾 / 天蚕蛾科）
▲ 尾角（深色白眉天蛾 / 天蛾科）

Part 2 图鉴

细蛾科 Gracillariidae

金纹细蛾 *Phyllonorycter ringoniella* (Mstsumura)

别名：苹果细蛾、潜叶蛾。

形态特征：末龄幼虫体长6～7毫米，细长，略呈纺锤形，黄色。头扁平，色淡。胸足与臀足发达；腹足3对，着生于第3～5节，不发达。

发生规律与习性：幼虫孵化后从卵底直接钻入叶片中潜食叶肉，致使叶背被害部位仅剩下表皮，叶表皮鼓起皱缩，外观呈泡囊状，泡囊约有黄豆粒大小，幼虫潜伏其中，被害部内有黑色粪便，老熟后在其中化蛹。1年发生5～6代，以蛹在落叶中越冬。

寄主：苹果、梨、海棠、槟沙果、李等。

分布：北京、河北、河南、山东、山西、陕西、安徽等省份；日本、韩国。

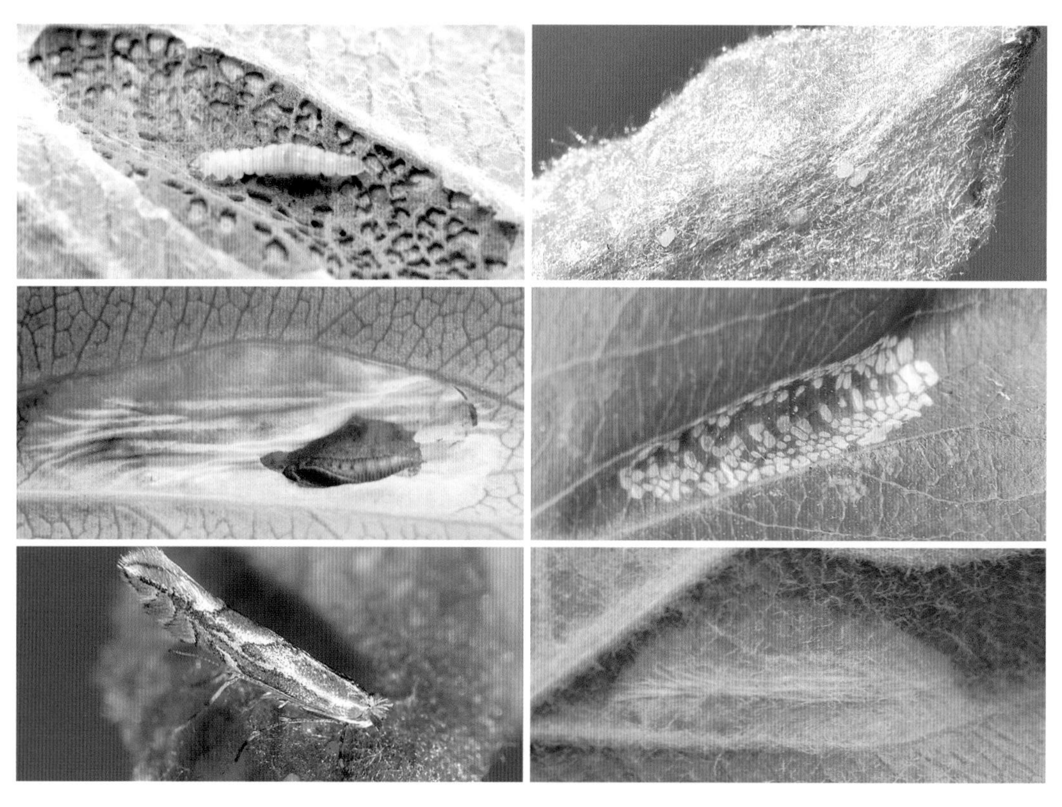

▲ 幼虫
▲ 卵
▲ 蛹及化蛹场所
▲ 幼虫为害状（叶片正面）
▼ 成虫
▼ 幼虫为害状（叶片背面）

拟潜蛾科 Bedelliidae

甘薯潜叶蛾 *Bedellia somnulentella* (Zeller)

别名：飞丝虫、旋花潜蛾。

形态特征：末龄幼虫体长5～6毫米。中、后胸和腹部各节有深浅不同的紫红色斑块。腹部第1～3节背面两侧各有1个圆形白斑，第4～5节各有2个圆形白斑。背线浅红色，亚背线深红色。第1对腹足退化。

发生规律与习性：幼虫潜入叶内啃食叶肉，老熟后钻出叶片，在叶面上吐丝结网，将身体悬于网中化蛹。1年发生4～8代，以成虫在冬薯田或田间枯叶、杂草上越冬，少数以老熟幼虫和蛹在被害叶内或网内越冬。

寄主：甘薯、蕹菜。

分布：北京、山东、浙江、福建、广东、广西；日本、印度、欧洲、非洲、大洋洲、北美洲。

▲ 幼虫侧面

▶ 幼虫背面

潜蛾科 Lyonetiidae

桃潜蛾 *Lyonetia clerkella* (Linnaeus)

别名：桃叶潜蛾、桃线潜蛾。

形态特征：末龄幼虫体长6～7毫米，淡绿色，略扁。头小、淡褐色。胸足3对，约呈三角形，短小，黑褐色，腹足极小。

发生规律与习性：幼虫孵化后潜叶为害，老熟幼虫从蛀道内钻出，多数在叶背吐丝结茧化蛹。1年发生7～8代，以蛹在被害叶片上的茧内越冬。

寄主：桃、杏、李、樱桃、苹果、梨、山楂、稠李等。

分布：北京、河北、河南、山东、山西、陕西、辽宁、青海、湖北、江苏、浙江等省份。

▲ 幼虫吐丝
▼ 幼虫

▲ 成虫
▼ 幼虫为害状

巢蛾科 Yponomeutidae

冬青卫矛巢蛾 *Yponomeuta griseatus* Moriuti

形态特征：末龄幼虫体长25～28毫米，体淡褐色。背线黑褐色，亚背线上胸腹部各节D1毛片为近圆形大黑斑。腹部各节D2毛片为1个小黑斑，紧靠气门上方的SD1毛片为1个略大于D2毛片的小黑斑，L3毛片与SD1毛片的黑斑近似，L1和L2毛片很小。头部黄色，单眼区有1个大黑斑，额缝两侧各有1个纵长条形黑斑。胸部和腹部第1节及第7～9节侧面黄色。臀板中央有1个黑斑。

发生规律与习性：初孵幼虫蛀入叶肉危害，可见弯曲的白色虫道，后钻出叶面，在枝叶上吐丝结网，群集为害。幼虫蚕食叶片，可将其食光。1年发生4代，以蛹越冬。

寄主：扶芳藤、大叶黄杨。

分布：北京、山东、河南、陕西、上海、浙江、安徽、广西；日本。

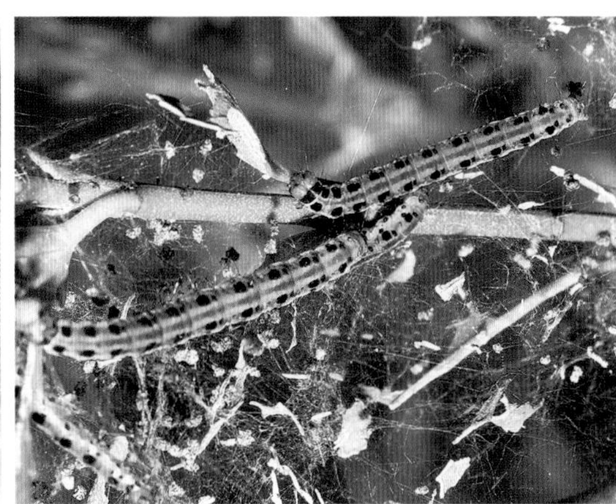

◀ 幼虫侧面
◀ 成虫
▲ 幼虫背面

菜蛾科 Plutellidae

小菜蛾 *Plutella xylostella* Linnaeus

别名：吊死鬼、小青虫、两头尖。

形态特征：末龄幼虫体长10～12毫米，纺锤形。初孵幼虫深褐色，后变为绿色。体上生稀疏长而黑的刚毛。头部黄褐色，前胸背板上有淡褐色无毛的小点组成两个U形纹。臀足向后伸超过腹部末端，腹足趾钩单序缺环。

发生规律与习性：1龄幼虫钻入叶片的上下表皮之间啃食叶肉或叶柄，在叶片内蛀食成小隧道；2龄后不再潜叶，多数在叶背为害，取食下表皮和叶肉，仅留上表皮呈透明的斑点，俗称“开天窗”；4龄幼虫蚕食叶片呈孔洞和缺刻，严重时将叶的上下表皮食尽，仅留叶脉。1年发生4～19代，幼虫、蛹、成虫各种虫态均可越冬。

寄主：甘蓝、紫甘蓝、青花菜、薹菜、芥菜、花椰菜、白菜、油菜、萝卜等。

分布：分布最广泛的世界性害虫。在我国长江流域和南方沿海地区为害最重。

▼ 幼虫侧面

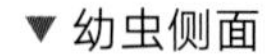

▼ 幼虫侧面

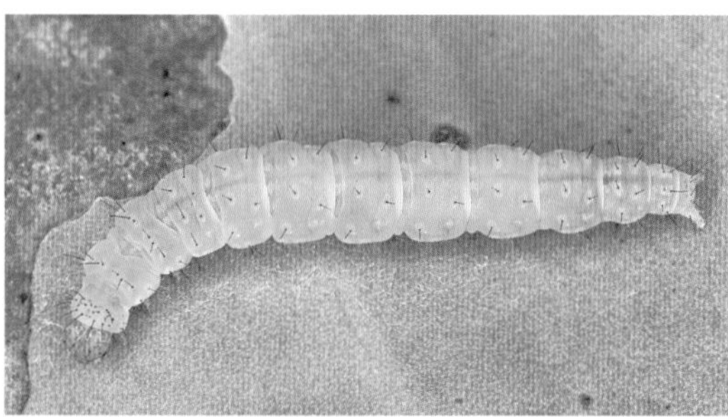

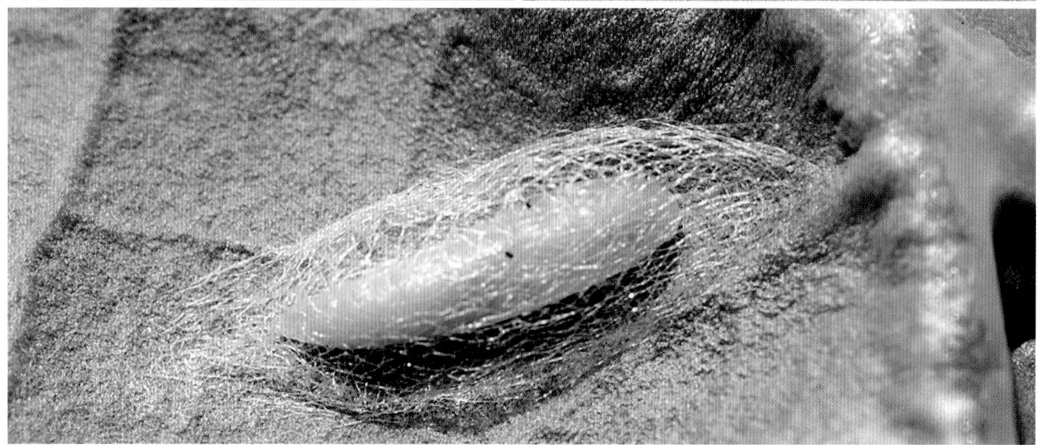

▲ 蛹

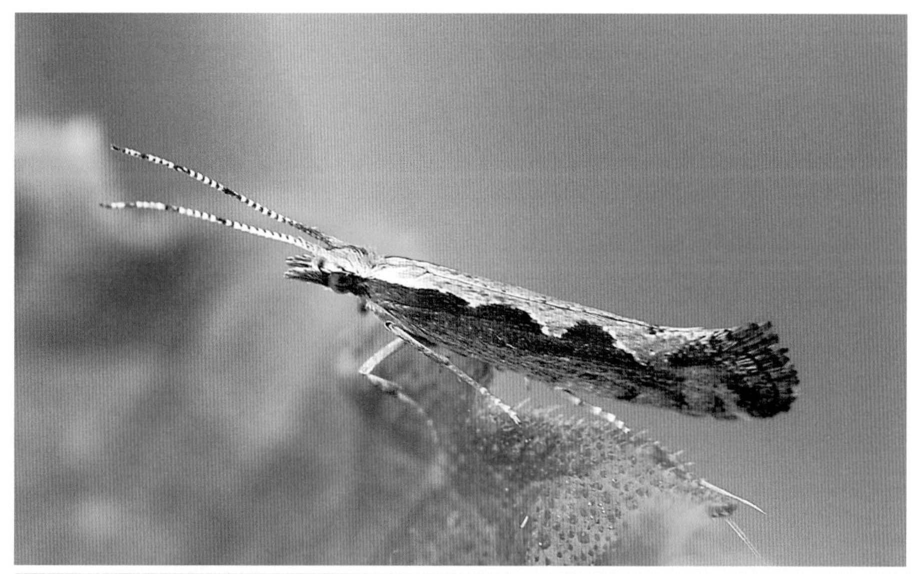

◀ 成虫

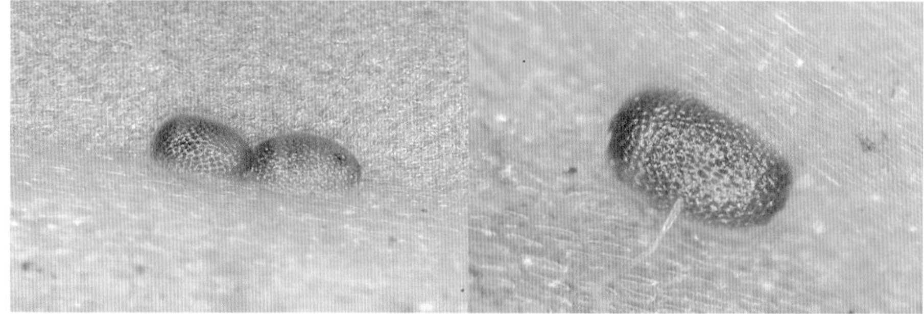

◀ 卵

◀ 小菜蛾为害甘蓝

雕蛾科 Glyphipterigidae

葱须鳞蛾 *Acrolepiopsis sapporensis* (Matsumura)

别名：葱菜蛾、韭菜蛾、葱小蛾、苏邻菜蛾、葱邻菜蛾、葱谷蛾、大葱邻菜蛾、葱潜叶邻菜蛾。

形态特征：末龄幼虫体长约10毫米，细长圆筒形，黄绿色至绿色。

发生规律与习性：以幼虫在葱、蒜等叶的夹缝处蛀食，严重的致心叶变黄，叶和花薹多从伤口处断折，降低葱、蒜等产量和品质。在北方1年发生5～6代，以成虫在枯叶丛或杂草下越冬。

寄主：蒜、韭菜、葱、洋葱等百合科蔬菜及野生植物。

分布：在我国北方各省份均有分布；日本、朝鲜、俄罗斯。

▲ 幼虫侧面　　▲ 幼虫背面

▼ 蛹　　▼ 幼虫为害状

罗蛾科 Galacticidae

含羞草雕蛾 *Homadaula anisocentra* Meyrick

别名：合欢巢蛾、合欢罗蛾、黑星雕蛾。

形态特征：末龄幼虫体长12～15毫米，棕红色至黑紫色。头部黑紫色，在额区两侧及单眼区具纵向黄斑。前胸背板紫黑色，在前缘有3块三角形黄斑背线，伸达背板中部。背线、气门上线和气门下线黄绿色，气门黄褐色。

发生规律与习性：幼虫取食叶片，严重时满树虫巢，叶片被啃光或残缺不全，树木呈现一片干枯状。幼虫遇惊动有往后跳动、吐丝下垂的习性。在沈阳地区1年发生2代，以蛹在枯枝落叶下表土内越冬。

寄主：合欢、皂荚、含羞草。

分布：北京、天津、河北、山西、内蒙古、华东等地；韩国、日本、美国。

▲ 幼虫侧面
▼ 成虫

▲ 幼虫头、胸部
▼ 幼虫为害状

卷蛾科 Tortricidae

黄斑长翅卷蛾 *Acleris fimbriana* (Thunberg)

别名：黄斑卷叶蛾、桃卷叶蛾、桃黄斑卷叶蛾。

形态特征：末龄幼虫体长15～18毫米。头部黄褐色，前胸盾、胴部及臀板均黄绿色或翠绿色。第7腹节上SV毛2根，第8腹节上SD1毛在气门前下方。臀栉5～9根。腹足趾钩双序环。

发生规律与习性：低龄幼虫先为害花芽，果树展叶后即为害枝梢嫩叶，吐丝卷叶，取食叶肉及叶片，有果时啃食果实。在河北1年发生2代，以成虫在杂草落叶内越冬。

寄主：桃、李、杏、苹果、山荆子、海棠等。

分布：东北、华北、西北、四川；日本、欧洲。

▲ 幼虫背面　　▲ 幼虫侧面
▼ 蛹　　▼ 成虫

苹小卷叶蛾 *Adoxophyes orana* Fischer von Roslerstamm

别名：苹褐带卷蛾、棉褐带卷蛾、棉卷蛾、小黄卷叶蛾、茶小卷叶蛾。

形态特征：末龄幼虫体长15～17毫米，身体细长，体翠绿色或黄绿色。头较小，淡黄色，单眼区和头壳侧后缘处各有1个黑斑。前胸背板淡绿色，胴部淡绿色或翠绿色。臀栉6～8根。腹足趾钩排列成不规则的双序环。

发生规律与习性：低龄幼虫吐丝缠结幼芽、嫩叶和花蕾为害，稍大后则卷叶为害，老熟幼虫在卷叶中结茧化蛹。1年发生3～4代，以低龄幼虫结白色薄茧越冬。

寄主：苹果、梨、桃、杏、樱桃、海棠、栎、柳、榆等。

分布：北京、天津、河北、河南、山西、陕西、山东、黑龙江、吉林、辽宁、台湾等省份；日本、朝鲜、俄罗斯。

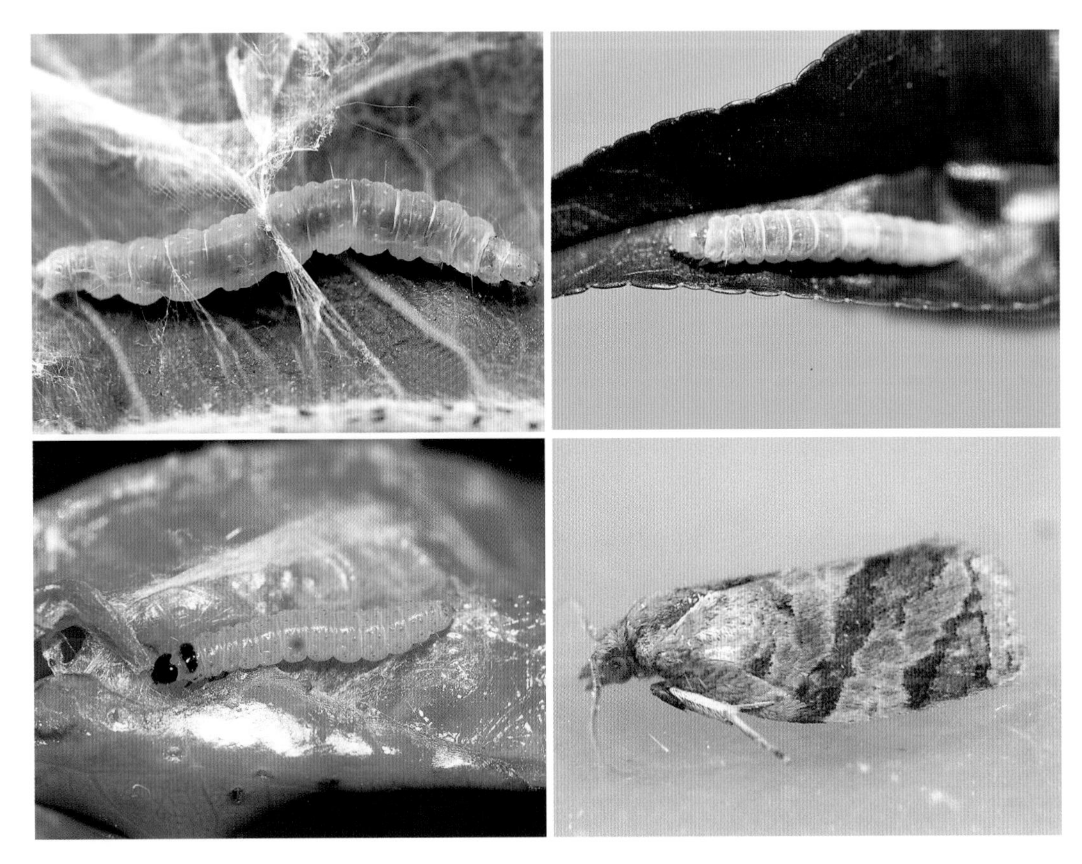

▲ 幼虫吐丝结网
▼ 幼虫背侧面

▲ 雄性幼虫
▼ 成虫

▼ 成虫

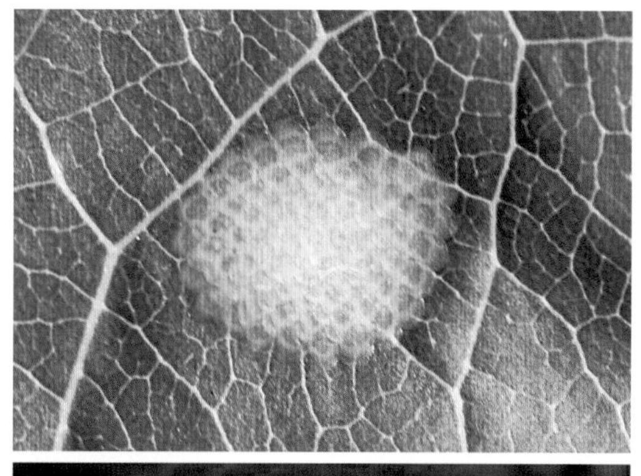

◀ 卵

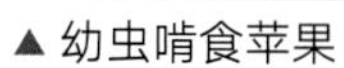

▲ 幼虫啃食苹果

▲ 幼虫卷叶为害

枣镰翅小卷蛾 *Ancylis sativa* Liu

别名：枣黏虫、枣小蛾、枣实菜蛾、裹黏虫。

形态特征：末龄幼虫体长13～16毫米，体黄绿色。头部棕黄至棕黑色，具不明显斑纹。前胸盾棕黄至黑色。臀板上具1个船形黑斑，其上方具多个黑点。前胸气门前毛片及亚腹毛组毛片黑色。

发生规律与习性：幼虫为害叶、花和幼果，还有吐丝下垂转移为害的习性。1年发生3代，在树皮裂缝中结茧化蛹越冬。

寄主：枣、酸枣。

分布：北京、河北、河南、山东、山西、陕西、江苏、浙江、安徽、河南、湖北等省份；日本、朝鲜、巴基斯坦。

▲ 幼虫
▼ 成虫

▲ 幼虫卷叶为害
▼ 叶片被害状

苹大卷叶蛾 *Choristoneura longicellana* (Walsinghan)

别名：黄色卷蛾、苹果卷叶蛾、桃黄斑卷蛾。

形态特征：末龄幼虫体长23～25毫米。头壳黄棕色，具深褐色斑纹，侧面后下方斑纹呈E形。前胸盾黄棕色，后缘及下缘为深褐色带状纹，单眼区黑色。体节黄绿色。臀栉5～7根。

发生规律与习性：萌芽时幼虫出蛰卷嫩叶为害，常食顶芽生长点。1年发生2～3代，以幼虫在粗翘皮下、锯口皮下和贴枝枯叶下结白色丝茧越冬。

寄主：苹果、梨、杏、柿、山楂、樱桃、核桃、柳、国槐、栎等。

分布：东北、华北、华东、华中、四川、甘肃；日本、朝鲜、俄罗斯。

◀ 幼虫头部
◀ 成虫
▲ 幼虫侧面

槐叶柄卷蛾 *Cydia trasias* (Meyrick)

别名：槐小卷蛾、国槐小卷蛾。

形态特征：末龄幼虫体长12～15毫米，体淡黄色，圆柱形，体表光亮。头部棕褐色至棕红色，有黑褐色斑纹。前胸淡黄色至棕褐色，有黑色斑纹。腹部各节毛片淡褐色，有时不明显；腹面淡黄褐色。

发生规律与习性：初孵幼虫寻找叶柄基部后，先吐丝拉网，之后进入叶柄基部为害，被害处常见胶状物中混杂有虫粪。1年发生2代，以幼虫在果荚、枝条和树皮缝处越冬。

寄主：国槐、刺槐、龙爪槐。

分布：北京、天津、河北、山西、甘肃、陕西、河南、山东、江苏、安徽；日本。

▲ 幼虫
▼ 成虫

▲ 幼虫背面
▼ 幼虫蛀道

李小食心虫 *Grapholita funebrana* (Treitschke)

别名：李小蠹蛾。

形态特征：末龄幼虫体长12毫米，全体玫瑰红色或桃红色。头部黄褐色，前胸背板浅黄色或黄褐色。

与梨小食心虫的区别：①李小食心虫幼虫腹足趾钩大多为23～29个，排列成不规则双序环，趾钩短粗；梨小食心虫趾钩大多为30～40个，排列成单序环，趾钩细长。②李小食心虫幼虫第8腹节上亚腹毛组（SV毛）仅1根毛，梨小食心虫为2根毛。③李小食心虫幼虫第8腹节D2毛片为圆形，梨小食心虫为长椭圆形。

发生规律与习性：幼虫孵化后，先在果面上爬行，当寻找到适当部位后即蛀入果内，被害果极易脱落。大部分地区1年发生2代，以末龄幼虫在树干周围土中越冬。

寄主：李、杏、苹果、梨、山桃、樱桃等果树。

分布：北京、天津、河北、山西、内蒙古、陕西、黑龙江、吉林、辽宁、甘肃、宁夏、青海等地；欧洲、中亚细亚、远东、高加索。

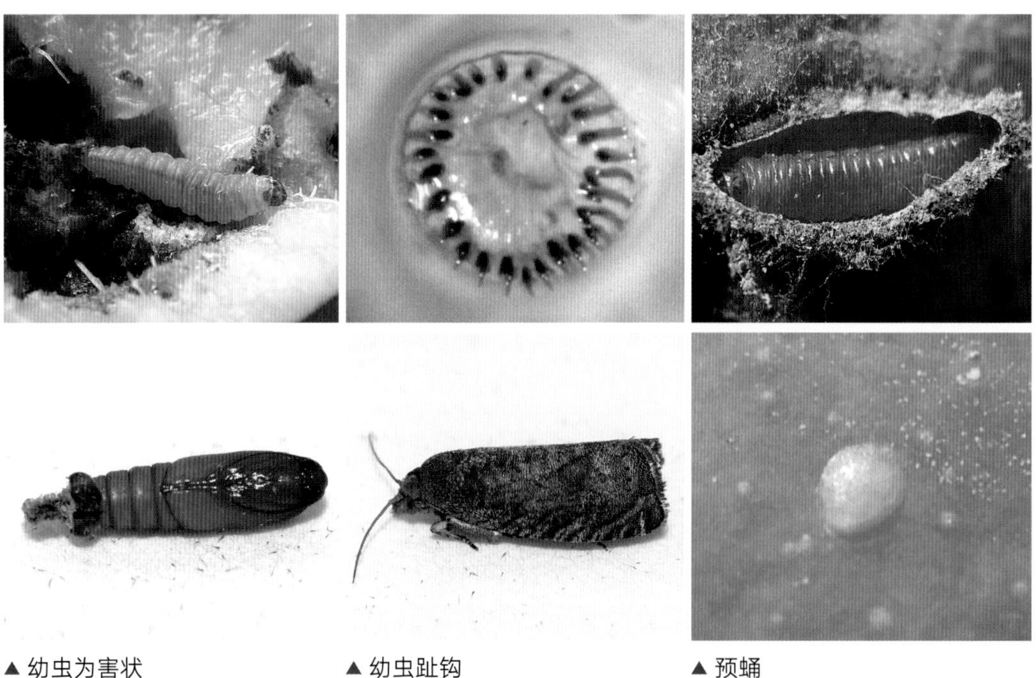

▲ 幼虫为害状　▲ 幼虫趾钩　▲ 预蛹
▼ 蛹　▼ 成虫　▼ 卵

苹小食心虫 *Grapholita inopinata* Heinrich

别名：苹蛀虫、苹果小果蛀蛾、东北苹小食心虫。

形态特征：末龄幼虫体长7～9毫米，淡黄色或粉红色。头壳黄褐色，前胸盾淡黄色，较头部颜色浅。各腹节背面有横沟，将背面划分为两条红色横带，前带宽而长，后带短而窄，与梨小食心虫幼虫显著不同。腹足趾钩单序全环。臀栉4～6根。

发生规律与习性：初孵幼虫在果面卵壳附近约爬行20分钟后，咬破并蚕食果皮，在适当的部位蛀入果内。1年发生1～2代，以末龄幼虫潜伏于树皮裂缝下越冬。

寄主：苹果、海棠、沙果、梨、山荆子、山楂。

分布：北京、天津、河北、内蒙古、山西、黑龙江、吉林、辽宁、陕西、甘肃、宁夏、青海；日本、朝鲜、俄罗斯。

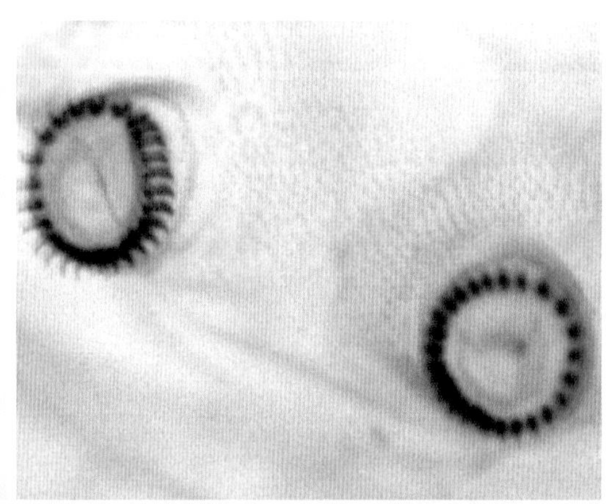

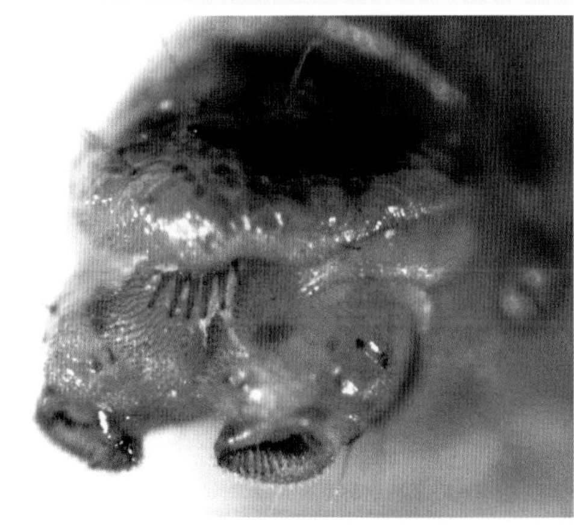

▲ 幼虫
▼ 幼虫臀栉

▲ 幼虫趾钩
▼ 成虫（张润志　供图）

梨小食心虫 *Grapholita molesta* (Busck)

别名：东方蛀果蛾、梨姬食心虫、桃折心虫、梨小。

形态特征：末龄幼虫体长10～13毫米，体淡红色，头浅褐色，前胸背板黄褐色，臀板黄褐色，胸腹部淡红色，毛片小，不明显。腹部第3～5节各节毛片呈梯形排列，腹部第8节两根D2毛片椭圆形，第9节两根D2毛共片。腹足趾钩单序全环。

发生规律与习性：幼虫主要为害芽、新梢，还钻蛀果实。1年发生3～6代，以末龄幼虫在枝、干、根颈部粗皮裂缝处、树下落叶及土里越冬。

寄主：桃、李、杏、樱桃、苹果、海棠、杨梅、梨、山楂、木瓜、枇杷、欧李等。

分布：世界性分布，在我国除西藏外各省份均有分布。

▲ 幼虫
▼ 卵

▲ 幼虫趾钩
▼ 幼虫为害桃梢

▲ 成虫
▼ 幼虫为害梨果

杨柳小卷蛾 *Gypsonoma minutana* (Hübner)

形态特征：末龄幼虫体长6毫米，头淡褐色，前胸背板褐色，气门前下方毛片黑色，胸足灰黑色，各体节毛片淡褐色。雄性腹部第5节背面透过皮层可见到2个椭圆形睾丸。

发生规律与习性：幼虫孵化后，吐丝将1～2片叶粘在一起，啃食表皮呈箩网状。幼虫长大后，吐丝把几片叶连缀一起，形成一小撮叶。1年发生3～4代，以老熟幼虫在树皮缝中结茧越冬。

寄主：杨、柳。

分布：北京、河北、河南、山西、山东、陕西、甘肃、宁夏、青海、黑龙江；日本、朝鲜、俄罗斯、蒙古国、阿富汗、伊朗、欧洲、北非等地。

▲ 成虫

▲ 幼虫

▼ 雄性幼虫

桃白小卷蛾 *Spilonota albicana* Motschulsky

别名：白小食心虫、白小。

形态特征：末龄幼虫体长10～12毫米，体红褐色或淡紫褐色，头部赤褐色，前胸背板、胸足及臀板黑褐色，臀栉6～7根，深褐色，腹部第1～7节背面的毛片淡褐色，大而明显，D1毛片比D2毛片大很多。腹足趾钩双序全环。

发生规律与习性：幼虫大多从果萼、果梗洼处蛀入果内，幼虫并不深入果心，只局部为害。被害部位外面堆积虫粪，以虫丝粘连粪粒成团，这是该虫主要的为害特征。1年发生2代，以末龄幼虫在地面结茧越冬。

寄主：苹果、梨、山楂、桃、李、梅、樱桃、海棠。

分布：北京、河北、河南、山东、山西、吉林、辽宁、四川、江西、浙江、江苏；日本、朝鲜、俄罗斯。

▲幼虫

▶成虫

芽白小卷蛾 *Spilonota lechriaspis* Meyrick

别名：顶梢小卷蛾、顶梢卷蛾、顶芽小卷叶蛾、顶卷。

形态特征：末龄幼虫体长8～10毫米。头红褐色至褐色，具深褐色斑纹，单眼区黑色，后方有长条斑。前胸盾黑色，前胸气门前毛片黑色。中胸L3毛片显著大于L1＋L2毛片。腹足趾钩双序环。

发生规律与习性：幼虫主要为害顶梢嫩叶，将几个叶片缠缀一起卷成疙瘩状。有时也为害花和幼果。1年发生2～3代，以幼虫在梢顶端卷苞内或梢顶端侧芽处结茧越冬。

寄主：苹果、海棠、山荆子、花红、洋梨、白梨。

分布：东北、华北、华中、青海、四川；日本、朝鲜。

▲ 幼虫　▲ 幼虫卷叶为害
▼ 蛹　▼ 成虫

斑蛾科 Zygaenidae

梨星毛虫 *Illiberis pruni* Dyar

别名：梨叶斑蛾、梨狗子、饺子虫。

形态特征：末龄幼虫体长20～22毫米，体白色，纺锤形。背线为不连续的黑色长条形斑。中胸至腹部第8节两侧各体节有一个近圆形黑斑。头小，缩入胸部内。气门小，圆形。

发生规律与习性：幼虫常把叶片边缘缀合后在其中取食叶肉。在华北地区1年发生1代，以2～3龄幼虫在树皮裂缝等处作白色薄茧越冬。

寄主：蔷薇科的梨、海棠、苹果、桃、山楂、杏、樱桃等。

分布：北京、河北、河南、内蒙古、陕西、山西、山东、江苏、浙江、安徽、云南、广西、四川；日本、朝鲜、俄罗斯。

▲ 幼虫侧面
▼ 幼虫缀叶形成饺子状

▲ 幼虫背面
▼ 成虫

榆斑蛾 *Illiberis ulmivora* (Graeser)

别名：榆叶斑蛾。

形态特征：末龄幼虫体长15～20毫米，体黄色，长筒形。胴体毛瘤上被有白色长毛。头黑色，较小。前胸背面中央有1个大黑斑，中后胸黑色，腹部第1节前半部黑色，后半部黄色，第2节全部黄色，第3节除后缘黑色外均为黄色，第4节除后缘黄色外均黑色，第5～6节亚背毛瘤和气门上线毛瘤黑色，第7节黄色，第8节黑色。

发生规律与习性：幼虫孵化后有取食卵壳的习性，群集于孵化过的卵块附近，且排列整齐，食量小，不活泼，取食寄主叶片，被害处呈天窗状。3龄后幼虫分散取食，被害叶片出现缺刻，随着虫龄的增加，幼虫食量大增，可食光叶片，仅残留叶柄。在甘肃1年发生1代，在丝质茧内化蛹越冬。

寄主：各种榆树。

分布：北京、河北、天津、陕西、山西、山东、河南、甘肃、辽宁；俄罗斯。

◀ 幼虫侧面

◀ 成虫

▲ 幼虫群集为害

大叶黄杨斑蛾 *Pryeria sinica* Moore

别名：大叶黄杨长毛斑蛾。

形态特征：末龄幼虫体长15～20毫米。胴体有7条黑色纵线，分别是背线、亚背线、气门上线和气门线；背线与亚背线间、气门上线与气门线间及腹面淡蓝色，亚背线与气门上线之间和气门下线淡黄色。头小，能缩入胸部内。气门黑色，圆形。

发生规律与习性：幼虫取食叶片，有群集为害的习性。华东地区1年发生1代，以蛹越夏，以卵越冬。

寄主：大叶黄杨、卫矛。

分布：北京、山东、江苏、浙江、上海、江西、陕西、安徽、台湾；日本、朝鲜、俄罗斯。

▲幼虫

刺蛾科 Limacodidae

拟三纹环刺蛾 *Birthosea trigrammoidea* Wu et Fang

形态特征：末龄幼虫体长12～15毫米，体色淡绿至褐黄色。背线白色，两侧有红褐色镶边，其各节在该线上具有1个蓝斑，第4～5节合并为1块红褐色大斑；各体节亚背线上有1对枝刺，每节气门下线有枝刺；该两列枝刺间有哑铃状红色斑，两红色斑之间有1块近圆形的紫棕色大斑。头缩入胸部。

发生规律与习性：幼虫取食叶片，发生规律不详。

寄主：白桦、柞树、核桃楸。

分布：北京、陕西、辽宁、河南、山东、浙江；国外分布不详。

◀ 幼虫背面
◀ 成虫
▲ 幼虫侧面

黄刺蛾 ***Monema flavescens* Walker**

别名：洋辣子、刺毛虫、毛八角、白刺毛。

形态特征：末龄幼虫体长20～28毫米，体绿色，粗壮。体背具哑铃状棕褐色大斑，其中部和边缘蓝色。臀板上有4个褐色小斑。头部黄褐色，常缩入胸部。体背各节亚背线和气门上线各具1个枝刺，其中亚背线的第3～4节和第10节枝刺最大。

发生规律与习性：初孵幼虫先食卵壳，然后取食叶下表皮和叶肉，留下上表皮，形成圆形透明小斑，4龄时取食叶片形成孔洞，5～6龄幼虫能将全叶吃光仅留叶脉。1年发生1～2代，在树干和枝柳处结茧过冬。

寄主：苹果、梨、桃、樱桃、枣、核桃、山楂、柿、杏、月季、珍珠梅、榆叶梅、杨柳等。

分布：北京、河北、河南、山东、山西、陕西、内蒙古、黑龙江、吉林、辽宁、安徽、江苏、上海、浙江、江西、广东、广西、湖南、湖北、重庆、四川、云南；日本、朝鲜、俄罗斯。

▲成虫

▲幼虫
▼茧

光眉刺蛾 *Narosa fulgens* (Leech)

别名：褐点眉刺蛾。

形态特征：末龄幼虫体长8～10毫米，体绿色，扁平，无明显刺毛，但密布小颗粒状突起，形似小龟。头部褐色。背中线白色，亚背线黄白色，第2、4体节两侧的线上各有1个红色斑。体表光滑无小枝刺，腹足退化，没有趾钩。

发生规律与习性：以3～5龄幼虫在叶背为害，食成网状乃至吃光。1年发生2代，以老熟幼虫在枝干上结茧越冬。

寄主：核桃、柿、枣、桃、杏、苹果、榆、桑、柳、杨等。

分布：北京、河北、河南、山东、浙江、四川、山西、陕西、江西、贵州、云南等地。

▲ 幼虫背面
▼ 茧正面
▲ 茧侧面

梨娜刺蛾 *Narosoideus flavidorsalis* (Staudinger)

别名：梨刺蛾。

形态特征：末龄幼虫体长25毫米，体绿色。各体节有4个横列的毛瘤，后胸和腹部第6～7节背面各有1对着生黑色刺的长枝状突起。亚背线、气门上线和气门下线紫褐色。

发生规律与习性：低龄幼虫啃食叶肉，稍大将叶片食成缺刻和孔洞。初孵幼虫有群栖性，2～3龄后开始分散为害。1年发生1代，以末龄幼虫在土中结茧越冬。

寄主：苹果、梨、杏、枣、栗等。

分布：东北、华北、华东、华中、华南地区；日本、俄罗斯及朝鲜半岛等地。

▲ 幼虫背面　　▲ 幼虫侧面

▼ 成虫背面　　▼ 成虫侧面

褐边绿刺蛾 *Parasa consocia* Walker

别名：绿刺蛾、青刺蛾、褐缘绿刺蛾、四点刺蛾、曲纹绿刺蛾。

形态特征：末龄幼虫体长24～27毫米，体绿色至浅黄色。头部黄色，常缩在胸内。体背线蓝色，两侧有深蓝色斑点。每个体节有4个着生刺毛的毛瘤，各节亚背线毛瘤绿色，气门上线的毛瘤红色。

发生规律与习性：幼虫取食叶片。1年发生1～3代，以老熟幼虫入土结茧越冬。

寄主：苹果、梨、杏、桃、樱桃、栎、栗、枣、核桃、白桦、牡丹、月季、杨柳等。

分布：北京、河北、河南、山东、山西、陕西、黑龙江、吉林、辽宁、安徽、江苏、浙江、广东、广西、湖南、湖北、贵州、四川、云南等地；日本、朝鲜、俄罗斯。

▲ 黄色型幼虫
▼ 绿色型幼虫背面

▲ 绿色型幼虫侧面
▼ 成虫

中国绿刺蛾 *Parasa sinica* Moore

别名：中华绿刺蛾、褐袖刺蛾、苹绿刺蛾、小青刺蛾。

形态特征：末龄幼虫体长18～20毫米。体黄绿色，前胸盾有黑点1对，背线由双行蓝绿色点纹组成，侧线灰黄色。各体节有灰黄色肉质刺瘤1对，中、后胸2对，腹部第8～10节2对较大，端部黑色。气门上线深绿色，气门鲜黄色。

发生规律与习性：幼虫取食叶片，低龄幼虫有群集性，稍大分散活动为害。1年发生1～2代，以老熟幼虫在枝桠下方结茧越冬。

寄主：苹果、梨、桃、杏、梅、柑橘、板栗、枣、樱桃、枇杷、乌桕、梧桐、油桐、枫杨、杨、黄檀、刀豆、紫藤、栀子、刺槐、白杨、柳等。

分布：东北、华北、华中、西南、台湾等；日本、朝鲜、俄罗斯等。

◀ 幼虫
◀ 成虫
▲ 幼虫聚集为害叶片

枣弈刺蛾 *Phlossa conjuncta* (Walker)

别名：枣刺蛾。

形态特征：末龄幼虫体长20毫米，体黄绿色，长圆筒形。头小，缩入前胸内，体背各节有钱形蓝斑，斑周白色，周内四角蓝黑色。亚背线与气门上线间有蓝绿色组成的短条纹，纹下方有白色斜线。各体节有红色枝刺4个，体背第2、3、7、10、11对枝刺发达，尾部枝刺较大。

发生规律与习性：初孵幼虫聚集取食，然后分散在叶片背面为害，初期取食叶肉，稍大后取食全叶。1年发生1代，以末龄幼虫在树干基部土内结茧越冬。

寄主：苹果、桃、梨、樱桃、柿、枣、茶、刺槐、紫荆、悬铃木、臭椿等。

分布：广泛分布于我国各地；朝鲜、韩国、日本、越南、泰国、印度。

▲ 幼虫

▶ 成虫侧面

▶ 成虫背面

纵带球须刺蛾 *Scopelodes contracta* Walker

别名：黑刺蛾、柿黑刺蛾、小黑刺蛾。

形态特征：末龄幼虫体长25～27毫米，体灰黄色，头青褐色。中胸背侧有1对较长的枝刺，后胸及腹部第1～9节背侧各具1对枝刺，腹部第1～8节腹侧各具1对枝刺。枝刺上着生黑色刺毛。

发生规律与习性：1～3龄幼虫仅取食叶背表皮和叶肉，留下叶脉及叶面表皮，形成白色斑块或全叶枯白，4龄幼虫取食全叶，仅留下叶柄及主脉。1年发生1～2代，幼虫老熟后在树冠下结茧越冬。

寄主：核桃、柿、黑枣、悬铃木、樱花、紫荆、梧桐、枫杨等。

分布：华北、华中、华南等；印度、克什米尔等地。

◀ 幼虫

◀ 成虫

▲ 幼虫为害

桑褐刺蛾 *Setora postornata* (Hampson)

别名：桑刺蛾、红绿刺蛾、褐刺蛾。

形态特征：末龄幼虫体长25毫米，体黄绿色，圆筒形。体背线很宽，天蓝色，紧靠两侧各节有2个黑点。体两侧各节有天蓝色斑1个，镶有浅色黄边，斑四角各有黑点1个。中、后胸和第4、7腹节背面各有粗大枝刺1对，其余各节枝刺短小。后胸至第8腹节每节气门上线着生长短均匀的枝刺1对，各节端部有黄褐色尖刺毛。

发生规律与习性：幼虫孵化后在叶背群集并取食叶肉，然后分散为害。华北1年发生1代，以末龄幼虫在茧内越冬。

寄主：梨、栗、柿、桑、茶、樱花、柑橘。

分布：华北、华中、华东、华南、西南；印度、尼泊尔、越南、老挝、南美洲。

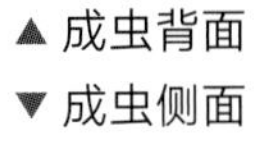

▲ 成虫背面
▼ 成虫侧面

▲ 幼虫侧面
▼ 幼虫背面

扁刺蛾 *Thosea sinensia* (Walker)

别名：扁棘刺蛾、黑点刺蛾、洋辣子。

形态特征：末龄幼虫体长20～25毫米，体扁椭圆形，绿色。体背部隆起似龟背，背线白色，体侧两边各有10个着生刺毛的瘤状突起。腹部背面各节自亚背线至侧缘各有1条白色斜线，腹部各节亚背线上各有1个红点。

发生规律与习性：低龄幼虫啃食叶肉，稍大幼虫将叶片食成缺刻和孔洞状，严重时食光。1年发生2～3代，以老熟幼虫在寄主树干周围土中结茧越冬。

寄主：苹果、梨、桃、杏、樱桃、枇杷、枣、核桃、臭椿、悬铃木、山楂、悬钩子等。

分布：北京、河北、河南、山东、山西、陕西、黑龙江、吉林、辽宁、内蒙古、甘肃、安徽、浙江、江苏、福建、台湾、湖南、湖北、广东、广西、四川、云南、贵州、香港；朝鲜、越南。

▲幼虫
▶成虫

木蠹蛾科 Cossidae

小线角木蠹蛾 *Holcocerus insularis* Staudinger

别名：小木蠹蛾、小褐木蠹蛾。

形态特征：末龄幼虫体长33～36毫米，体圆筒形，腹面扁平。头部黑紫色，前胸背板两侧各有1个紫褐色斑。中、后胸及腹部背面浅红色，腹部腹面色淡。气门筛浅红色，围气门片褐色，圆形。各体节刚毛黑褐色。

发生规律与习性：幼虫蛀干为害，喜群集为害，3～11月是幼虫为害期，低龄幼虫与老龄幼虫均在树内蛀道内越冬。2年发生1代（跨3个年度）。

寄主：白蜡、槐树、龙爪槐、柳树、银杏、悬铃木、白玉兰、臭椿、元宝枫、丁香、麻栎、苹果、海棠、山楂、榆叶梅等。

分布：北京、天津、河北、山西、内蒙古、黑龙江、吉林、辽宁、陕西、宁夏、华东、华中等地；日本。

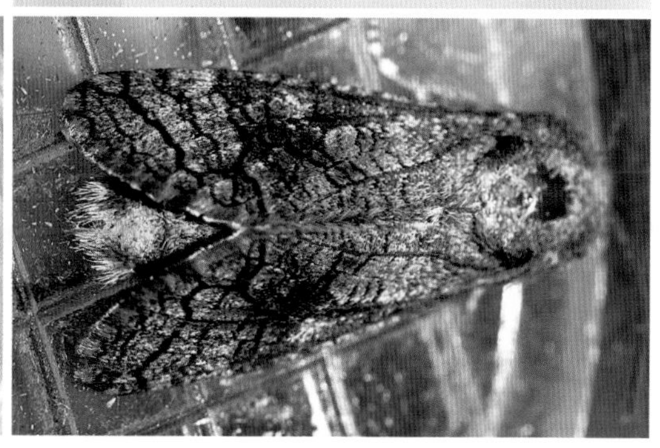

▲ 幼虫背面
▼ 幼虫腹面

▲ 幼虫侧面
▼ 成虫

榆木蠹蛾 *Holcocerus vicarius* (Walker)

别名：柳干木蠹蛾、柳乌蠹蛾、大褐木蠹蛾、黑波木蠹蛾。

形态特征：末龄幼虫体长65～80毫米，体壮，暗红色，扁筒形，光滑少毛。头部黑色，有光泽。

发生规律与习性：主要以幼虫为害枝干和根部，以衰老树受害最重。初孵幼虫多群集取食卵壳及树皮，2～3龄时分散寻觅伤口及树皮裂缝处侵入，在韧皮部及边材处为害，发育至5龄时，沿树干爬行到根颈部钻蛀为害。各地年发生代数不同，山东2年发生1代，宁夏3年发生1代。

寄主：杨、柳、榆、槲、栎、桦、槭、核桃、板栗、梨、苹果等。

分布：北京、河北、天津、山东、山西、陕西、内蒙古、辽宁、吉林、黑龙江、河南、江苏、上海、安徽、四川；朝鲜、日本、俄罗斯、越南。

◀ 幼虫侧面

◀ 成虫

▲ 幼虫头部及背部

咖啡木蠹蛾 *Zeuzera coffeae* Niether

别名：豹纹木蠹蛾、麻木蠹蛾、咖啡黑点蠹蛾、六星黑点豹蠹蛾。

形态特征：末龄幼虫28～33毫米，体红色，腹部各节颜色较深。头部橘红色，单眼区有黑斑，前胸背板橙红色，前半部中线两侧各有1块半月形黑斑，后缘有1排钩刺。臀板黑色。各体节毛片浅褐色。胸足黄色，腹足同体色。

发生规律与习性：以幼虫为害树干和枝条，致被害处以上部位黄化枯死。1年发生1～2代，以幼虫在被害部越冬。

寄主：苹果、桃、梨、核桃、悬铃木、白蜡、杜仲、山核桃等。

分布：北京、陕西、河南、山东、江苏、浙江、江西、福建、台湾、湖北、湖南、广东、广西、海南、四川、云南、贵州；日本、印度、斯里兰卡、印度尼西亚、巴布亚新几内亚。

▲幼虫侧面 ▲幼虫背面
▼成虫侧面 ▼成虫背面

凤蝶科 Papilionidae

碧凤蝶 *Papilio bianor* Cramer

别名：翠凤蝶、乌鸦凤蝶。

形态特征：末龄幼虫体长约50毫米，体绿色。前胸至腹部第1节在背侧面有1个黄色环形斑纹，该斑纹的后缘处有2对带黑边的蓝斑，该斑纹的中部后胸两侧有1对外缘红色的眼型斑，眼型斑之间有2对具黑边的月牙形蓝斑，中胸两侧亦有1对月牙形蓝斑。腹部第4～8节背面两侧各有1对带黑边的蓝色圆斑，有时不明显。每节自气门前下方至背侧后方各有1条带黑边的斜黄线，位于第4腹节长达背中央，第5节腹节最短，不及第4腹节的1/5，第6～8腹节的近等长，约为第4腹节的1/4。亚腹线及腹面白色，腹足近透明浅白色。气门筛黄色，围气门片褐色。

发生规律与习性：初孵幼虫取食嫩叶，3龄幼虫取食叶片仅剩叶脉，老熟幼虫在叶背吐丝化蛹，使叶片卷曲，严重影响植物光合作用。1年发生2代。

寄主：花椒、橘属、黄柏等芸香科植物和黄檗。

分布：我国除新疆外广泛分布；日本、朝鲜、东南亚、南亚。

▲幼虫吐丝 ▲幼虫背面 ▲成虫侧面
▼幼虫侧面 ▼幼虫“臭丫腺” ▼成虫背面

茴香凤蝶 *Papilio machaon* Linnaeus

别名：金凤蝶、黄凤蝶。

形态特征：末龄幼虫体长约50毫米。头部淡绿色，头前中央、额两侧、单眼区及后头区各有1块黑斑，中央和单眼区近椭圆形，额两侧及后头区为宽带状。胴部圆筒形，绿色至黄绿色。后胸至第1腹节膨大，各体节有1条黑色横宽带，带上有黄色斑。胸足和腹足黄白色，端部黑色。

发生规律与习性：幼虫大多以植物的叶片、茎杆、花果为食。幼虫老熟后吐丝结果网或结茧化蛹。华北地区1年发生2代，以末龄幼虫在寄主附近枝条上化蛹越冬。

寄主：茴香、芹菜、芫荽、胡萝卜、鸭儿菜、防风、牛蒡。

分布：北京、河北、黑龙江、吉林、山东、河南、陕西、新疆、甘肃、云南、西藏、浙江、福建、江西、广西、广东、台湾；欧洲、北非、美洲北部。

▲ 幼虫侧面
▼ 成虫

▲ 幼虫背面
▼ 幼虫“臭丫腺”

花椒凤蝶 *Papilio xuthus* Linnaeus

别名：柑橘凤蝶、燕尾蝶、凤子蝶。

形态特征：末龄幼虫体长约45毫米，黄绿色。后胸背面有1条横向带黑边的浅色带，横带两端各有1个眼斑。前胸至腹部第1节后缘有1条大环形镶黑边的白色窄带，体侧面有3条自气门前下方伸向后上方的镶黑边的窄带，亚腹线由大白斑连接而成。气门筛白色，围气门片黑色。

发生规律与习性：幼虫孵化后先食卵壳，然后食害芽和嫩叶及成叶。1年发生3～6代，以蛹在枝条、叶背等隐蔽处越冬。

寄主：花椒、茄子、胡萝卜。

分布：在我国广泛分布；缅甸、日本、朝鲜、越南。

▲幼虫被寄生　▲幼虫“臭丫腺”　▲成虫
▼幼虫　▼蛹　▼卵

丝带凤蝶 *Sericinus montela* Giray

别名：马兜铃凤蝶、软凤蝶。

形态特征：蠋型幼虫，海参状。体壁柔软，有珠光。前胸背板弯月状。腹节11节。气门黑色。末龄幼虫体长25～30毫米，体黑色。亚背线及气门上线各节均有1对黄色锥状突起。

发生规律与习性：1～2龄幼虫取食幼嫩叶片，具群集习性。3龄开始，食量明显增加。并开始分散取食。3～5龄幼虫活泼，行动迅速。1年发生3～4代。

寄主：马兜铃、蝙蝠葛等。

分布：北京、河北、山西、辽宁、吉林、黑龙江、陕西、宁夏、甘肃、上海、江苏、浙江、安徽、山东、河南、湖北、湖南、广西、重庆、四川；朝鲜、俄罗斯。

▲ 雄成虫
▼ 幼虫

▲ 雌成虫

粉蝶科 Pieridae

菜粉蝶 *Pieris rapae* (Linnaeus)

别名：小菜粉蝶、白粉蝶、菜青虫。

形态特征：幼虫初孵时灰黄色，后变青绿色。末龄幼虫体长28～35毫米，体圆筒形。背中线黄色，不明显。气门线黄色，每节线上有2个黄斑。体背密被黑色小瘤突，上生细绒毛。各体节有横褶皱。气门筛白色，围气门片黑色。

发生规律与习性：幼虫取食叶片，形成孔洞或缺刻，严重时叶片全部被吃光，只残留粗叶脉和叶柄。在我国年发生代数自北向南3～12代，北方各地均以蛹在屋檐、墙缝、篱笆等处越冬。

寄主：十字花科蔬菜、药材及杂草。

分布：世界性分布。

▲幼虫背面　▲蛹　▲成虫
▼幼虫侧面　▼成虫及幼虫　▼幼虫为害状

云粉蝶 *Pontia edusa* (Fabricius)

别名：花粉蝶、花纹粉蝶、斑粉蝶。

形态特征：末龄幼虫体长30毫米左右，蓝灰色。头部及体表散布紫黑色突起，上有短毛，背线和气门线为黄色宽带。气门筛白色，围气门片黑色。

发生规律与习性：幼虫取食叶片。1年发生2代。

寄主：十字花科的蔬菜、药材及杂草。

分布：我国除福建、台湾、广东、海南未见外，其他各省份均有分布；欧洲中东部和东南部、高加索、土耳其、伊拉克东北部、伊朗西北部、亚洲中部到东部。

▲ 幼虫
▼ 蛹

▲ 成虫侧面
▼ 成虫背面

蛱蝶科 Nymphalidae

黑脉蛱蝶 *Hestina assimilis* (Linnaeus)

形态特征：末龄幼虫体长40～45毫米，体绿色。体背两侧有褐色瘤状突起，分布在中、后胸和腹部5节。头顶两侧有角状突起，长度可达10毫米，突起顶端有2个分叉，中、基部有多个刺状突起。

发生规律与习性：幼虫取食叶片，常躲在叶片背面，以躲避天敌。在南京地区1年发生3代，以高龄幼虫在寄主植物的落叶中越冬。

寄主：小叶朴。

分布：北京、河北、山西、辽宁、陕西、甘肃、浙江、福建、江西、山东、河南、湖北、湖南、广东、广西、重庆、四川、贵州、云南、西藏、香港、澳门、台湾；日本、朝鲜。

◀ 幼虫背面
◀ 成虫
▲ 幼虫侧面

白钩蛱蝶 *Polygonia c-album* (Linnaeus)

别名：榆蛱蝶、白弧纹蛱蝶、狸白蛱蝶。

形态特征：末龄幼虫体长33～36毫米，体圆筒形。头部黑色，具基部为黄色突起的白长毛。前胸黑色，背中线和亚背线为棕黄色，具基部为黄色突起的白长毛。中胸和后胸亚背线及气门线各有突起的枝刺状突起。腹部各节在背中线、亚背线气门上线和亚腹线上分别具枝状突起。气门筛黑色，围气门片白色。

发生规律与习性：初孵幼虫取食卵壳，留部分卵壳在榆树叶片上，幼虫主要以榆树叶片为食，食物短缺时也以忍冬科等其他植物为食。1年发生3代，以蛹越冬。

寄主：榆。

分布：在我国广泛分布；日本、朝鲜、蒙古、东南亚、欧洲。

▲ 成虫
▶ 幼虫背面
▶ 幼虫侧面

黄钩蛱蝶 ***Polygonia c-aureum*** **(Linnaeus)**

别名：金钩角蛱蝶、狸黄蝶蛱、黄蛱蝶。

形态特征：末龄幼虫体长34～36毫米，体红褐色至褐色，胴体各体节具黄色短枝刺。前胸背部近前缘有1横列长白毛。中后胸及腹部各节均被乳白色细横纹。气门椭圆形，气门筛黄褐色，围气门片黑色，外围有白环。

发生规律与习性：幼虫取食叶片，初孵幼虫有啃食卵壳现象，但一般不吃光。长白山1年发生2代，以成虫越冬。

寄主：榆。

分布：在我国广泛分布；日本、朝鲜、东南亚、欧洲。

▲ 幼虫
▼ 幼虫为害状

▲ 夏型成虫
▼ 秋型成虫

大二尾蛱蝶 ***Polyura eudamippus*** **welsmanni Fritze**

别名：黑黄蛱蝶。

形态特征：末龄幼虫体长50～55毫米，体背青绿色。头绿色，头顶着生2对很长的角状突起。胸腹部胴体略扁平，布满密密麻麻白色颗粒状小点。气门上线由黄色小颗粒状突起组成。腹面深绿色。胸足和腹足深绿色，端部黄绿色。气门筛白色，围气门片绿色。

发生规律与习性：幼虫取食叶片。江西1年发生1代，成虫5～6月出现。

寄主：未明。

分布：北京、湖北、浙江、江西、四川、福建、广东、海南、广西、贵州、云南、台湾；印度、缅甸、泰国、老挝、越南、马来西亚。

▲ 成虫背面
▼ 成虫腹面

▲ 幼虫背面
▼ 幼虫头部

重环蛱蝶 *Neptis alwina* (Bremer et Grey)

别名：梅蛱蝶、大三字蛱蝶。

形态特征：末龄幼虫体长20～25毫米，体绿色，背部有突起。头部红棕色，头顶两侧各有1个突起。前胸背面两侧各有1个针状突起，中胸和后胸背部两侧各有1个顶端带刺的大的瘤状突起。腹部第2节背面两侧各有1个向外侧弯曲的红褐色钩状突起，第7节和第8节的背面两侧分别有向前弯曲和向后弯曲的钩状突起。背线红棕色，侧面有深绿与白绿色及黄绿色斑纹。气门褐色。

发生规律与习性：幼虫取食叶片，以幼虫越冬。

寄主：杏、桃、樱桃等。

分布：北京、陕西、河南、四川、辽宁；日本、朝鲜等。

▶ 幼虫侧面（1）
▶ 幼虫侧面（2）
▲ 成虫

大紫蛱蝶 *Sasakia charonda* (Hewitson)

形态特征：末龄幼虫体长55～65毫米，体绿色，体表密生黄色细小疣点。头部头顶两侧有角状突起，末端有分叉状突起。体圆筒形，末端1/3处至尾部呈锥状。体背面有黄褐色三角形突起（低龄有多个）。

发生规律与习性：幼虫取食叶片。1年发生1代，以幼虫在寄主植物根部附近落叶堆中越冬。

寄主：朴树等。

分布：我国东北、华北、东南；朝鲜、日本。

▲ 蛹

▶ 幼虫

▶ 成虫

大红蛱蝶 *Vanessa indica* (Herbst)

形态特征：末龄幼虫体长40毫米，体褐黑色。头部黑色，体各节背面具黄斑点，在毛片着生位置有带枝刺的黄白色的尖锥状突起。气门筛黑色，围气门片白色。气门线不明显，腹部气门下线黄白色，各节间处向背部延伸，呈尖角状。腹部腹面橙褐色。胸足黑色，腹足橙褐色。

发生规律与习性：幼虫吐丝卷叶，为害幼苗嫩叶，致植株生长缓慢。长江流域1年发生2～3代，以成虫在田埂、杂草丛中、树林或屋檐等处隐蔽越冬。

寄主：黄麻、苎麻、荨麻、榆等。

分布：在我国广泛分布；日本、朝鲜、俄罗斯、南亚、欧洲、非洲。

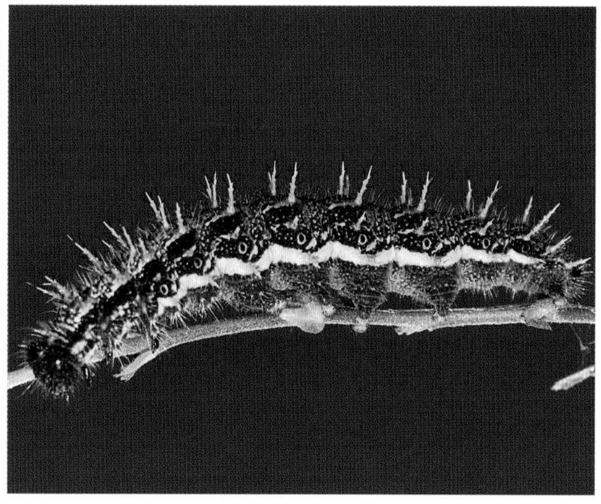

▲ 成虫

▼ 幼虫吐丝

▲ 幼虫

蛀果蛾科 Carposinidae

桃小食心虫 *Carposina sasakii* Matsumura

别名：桃蛀果蛾、桃小。

形态特征：末龄幼虫体长13～16毫米，体桃红色。头部黄褐色，颅侧区有深色云状斑纹。前胸盾黄褐至深褐色。前胸气门前方毛片上具2根毛。第8腹节气门大而靠近背中线。第9腹节上2根D2毛位于同一毛片上。臀板黄色，无臀栉。腹足趾钩为单序环状。

发生规律与习性：幼虫蛀食果实为害，自果实中、下部蛀入果内，不食果皮，使果面上显出凹陷的潜痕，导致果实畸形，称“猴头果”。老熟幼虫将部分粪便排出果实，果面出现脱果孔。1年发生1～3代，以末龄幼虫在树冠周围土中结茧越冬。

寄主：苹果、梨、桃、山楂、梅、海棠、杏、李、木瓜、荸荠、枣、酸枣等。

分布：我国除西藏外均有分布；朝鲜、日本、蒙古国、俄罗斯。

▲ 幼虫
▼ 幼虫腹节毛片

▲ 成虫背面
▼ 茧

绢蛾科 Scythrididae

四点绢蛾 *Scythris sinensis* (Felder et Rogenhofer)

别名：藜中华绢蛾。

形态特征：末龄幼虫体长7～9毫米，体绿色，各体节有黑色长毛。头部乳白色，具褐斑，单眼区黑色。前胸绿白色，前半部色淡两侧具褐斑。背线不明显，亚背线只在胸部和腹部第1～3节可见。

发生规律与习性：幼虫取食叶片，在植物上吐丝，并把叶片咬成许多孔洞。在江苏，5～9月发生3代，世代重叠。

寄主：藜科农田杂草。

分布：北京、天津、河北、辽宁、河南、浙江、甘肃、陕西、新疆；朝鲜、俄罗斯、欧洲。

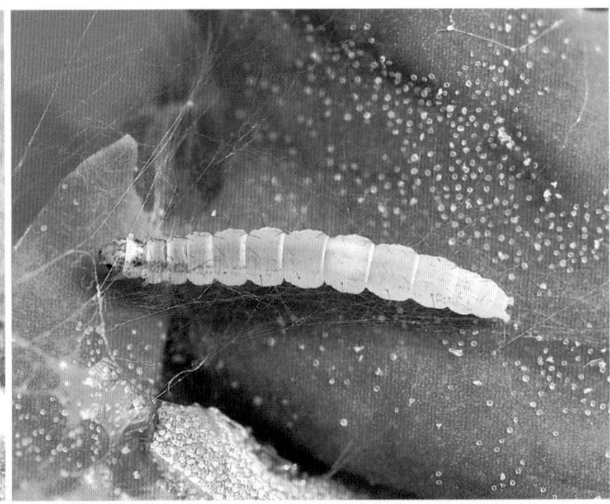

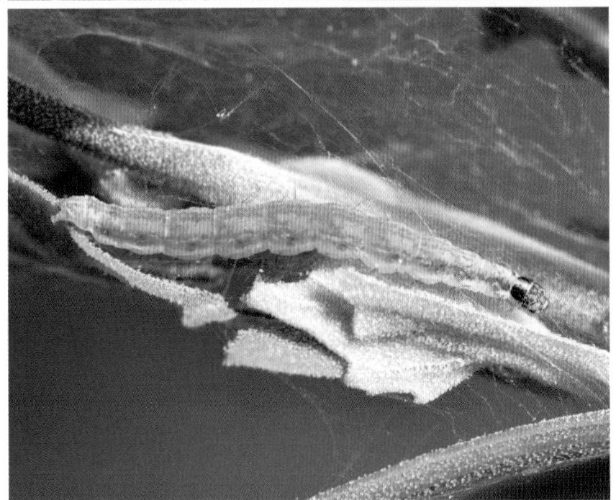

▲ 成虫
▶ 幼虫背面
▶ 幼虫背侧面

展足蛾科 Stathmopodidae

核桃举枝蛾 *Atrijuglans hetaohei* Yang

别名：核桃黑、黑核桃、核桃展足蛾。

形态特征：末龄幼虫体长9～11毫米，头部黄褐色至暗褐色，胴体浅黄白色，背面稍带红色，前胸盾和胸足黄褐色。腹足趾钩单序环，臀足趾钩单横行。

发生规律与习性：幼虫孵化后在果面爬行1～3小时，然后蛀入果实内，形成蛀道，粪便排于其中，蛀孔外流出透明或琥珀色水珠。北京1年发生2代，以末龄幼虫在树冠下土中结茧越冬。

寄主：核桃。

分布：北京、河北、河南、山东、山西、陕西、甘肃、四川、贵州、台湾；日本。

▲ 幼虫侧背面
▼ 幼虫背面

▲ 幼虫为害核桃
▼ 成虫

柿举枝蛾 *Stathmopoda masinissa* Meyrick

别名：柿蒂虫、柿实蛾。

形态特征：末龄幼虫体长9～10毫米，头赤褐色，体背面暗紫色，前3节较淡。前胸背板及臀板黑色至褐色。中、后胸背面有交叉横皱纹，胸足色淡。各腹节背面有1条横皱纹。气门近圆形。

发生规律与习性：幼虫多由果柄蛀入幼果内，并将粪便排于孔外。1年发生2代，以末龄幼虫在老树皮缝隙或被害果中结灰白色茧越冬。

寄主：柿。

分布：北京、河北、山东、山西、陕西、安徽、江苏、湖北、台湾；日本、斯里兰卡。

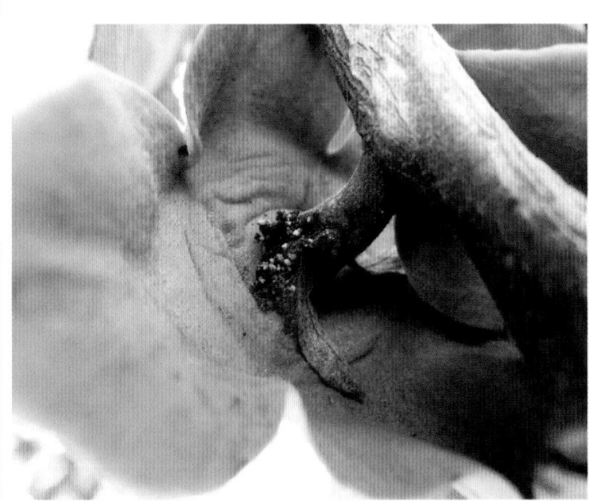

▲ 幼虫侧面（1）

▼ 幼虫侧面（2）

▲ 蛀孔处排出有虫粪

麦蛾科 Gelechiidae

杏白带麦蛾 *Agnippe syrictis* (Meyrick)

别名：杏树麦蛾。

形态特征：末龄幼虫体长5～6毫米，长纺锤形，体扁。头部及前胸背板中部黄褐色。胴体黄白色，中胸之后各体节近前缘有横向深红色宽带，约占体节一半。

发生规律与习性：幼虫喜欢在枝条下部4～5片叶上为害，并有转叶为害习性，一生可转害4～5个叶片。幼虫性活泼，受扰后迅速逃避或吐丝下垂。在晋中地区1年发生2代，以蛹在树皮缝隙、树干翘皮剪锯口或树洞处越冬。

寄主：杏、桃、苹果、樱桃。

分布：北京、河北、山西、河南；日本、俄罗斯。

▲ 幼虫侧面
▼ 幼虫为害状

▲ 蛹
▼ 幼虫背面

黑星麦蛾 *Filatima autocrossa* (Meyrick)

别名：奥菲麦蛾。

形态特征：末龄幼虫体长10～11毫米，细长。头部、前胸盾、臀板、臀足黑褐色，胴体白色，背线、亚背线、气门上线白色，各条线间为淡紫红色纵纹。感观胴体为白色与淡红紫色相间的纵条纹。

发生规律与习性：幼虫在嫩叶上为害，稍大卷叶为害，严重时将枝端叶缀连在一起，居中为害。幼虫较活泼，受触动吐丝下垂。1年发生4代，以蛹在树下杂草丛中越冬。

寄主：桃、梨、苹果、李、杏、樱桃等。

分布：北京、河北、河南、陕西、山东、辽宁、江苏；俄罗斯。

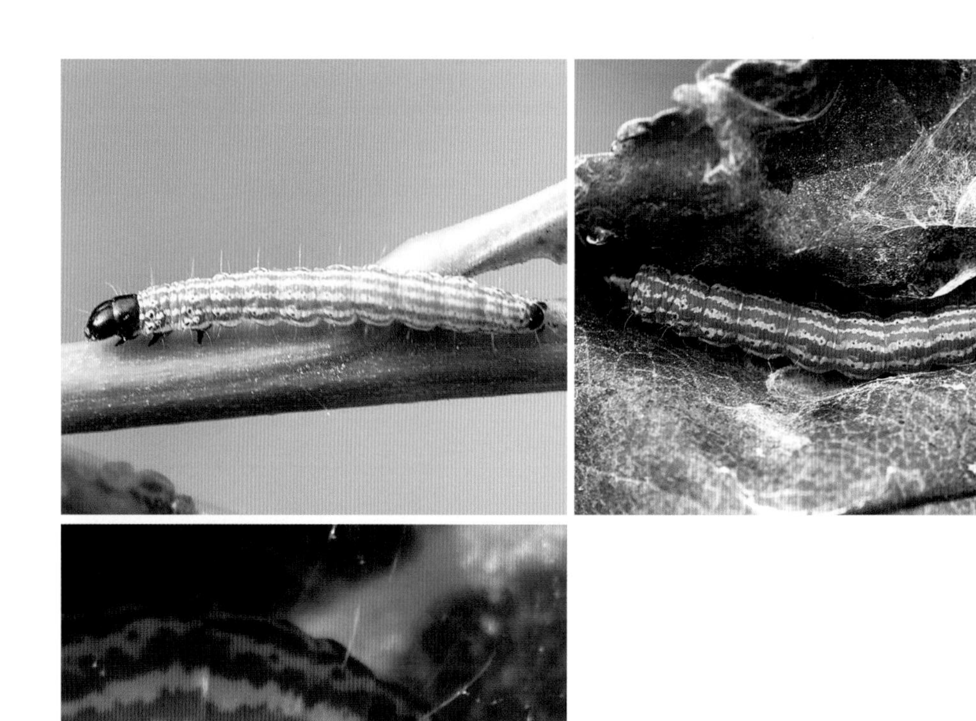

◀ 幼虫侧面
◀ 幼虫臀板
▲ 幼虫化蛹及场所

甘薯麦蛾 *Helcystogramma triannulella* Herrich-schaffer

形态特征：末龄幼虫体长15～18毫米，体黑白相间。头部、前胸、中胸大部、腹部第1节全部、腹部第2节大部及腹部第3～9节亚背线黑褐色，腹部第3～6节各节自亚背线向后下方有1块黑褐色带斑，其余部分白黄色。

发生规律与习性：幼虫卷叶为害，行动活泼，有转移为害的习性。1年发生4～5代，以蛹在田间残株和落叶中越冬。

寄主：甘薯、蕹菜、圆叶牵牛等旋花科植物。

分布：我国除新疆、青海、西藏外，各省份均有分布；日本、朝鲜、印度、俄罗斯至欧洲。

▶ 幼虫为害状

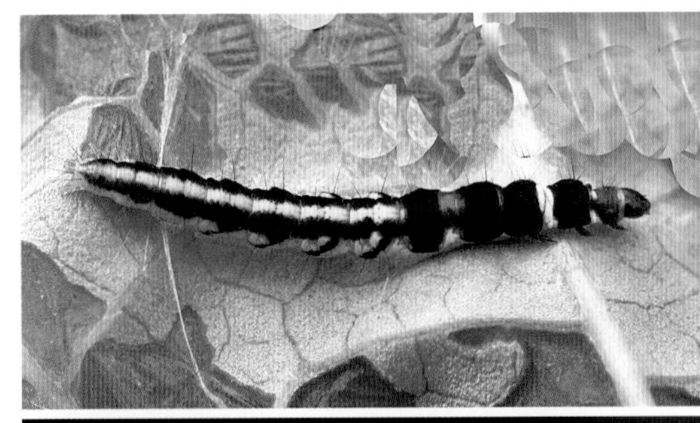

▲ 幼虫背面
▼ 幼虫侧面

▲ 蛹
▼ 成虫

棉红铃虫 *Pectinophora gossypiella* (Saunders)

别名：红铃虫、红铃麦蛾。

形态特征：末龄幼虫体长11～13毫米，体白色。头部红褐色上颚黑色。前胸及腹部末节硬皮板黑色。体背各节有4个浅褐色毛片，毛片周围红色。

与苹小食心虫的区别：色斑及大小与苹小食心虫相近，但棉红铃虫前胸背板分为左右两半的褐色，苹小食心虫为1块淡黄褐色；棉花红铃虫各节间红色带两侧有中断，苹小食心虫是连续的宽横带。

发生规律与习性：幼虫钻入蕾、花或铃中为害。1年发生2～7代，以末龄幼虫在墙缝、屋顶、棉籽堆及枯铃中结茧越冬。

寄主：棉花、秋葵、苘麻、红麻、洋绿豆和木槿等，以锦葵科为主。

分布：我国除新疆、甘肃、青海、宁夏尚未发现外，其他各棉区均有发生；国外除罗马尼亚、保加利亚、匈牙利、俄罗斯等，遍布全世界各产棉区。

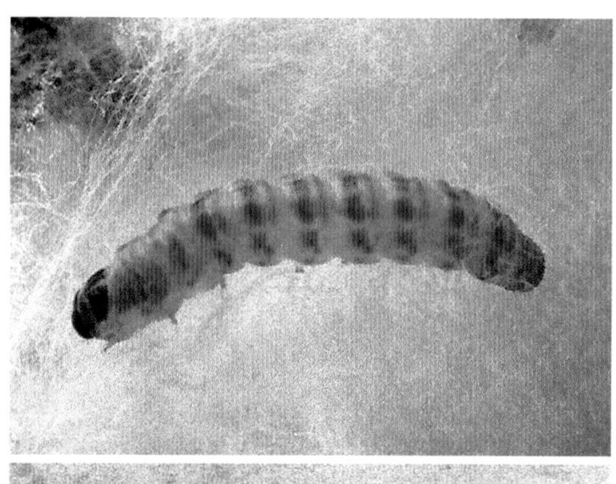

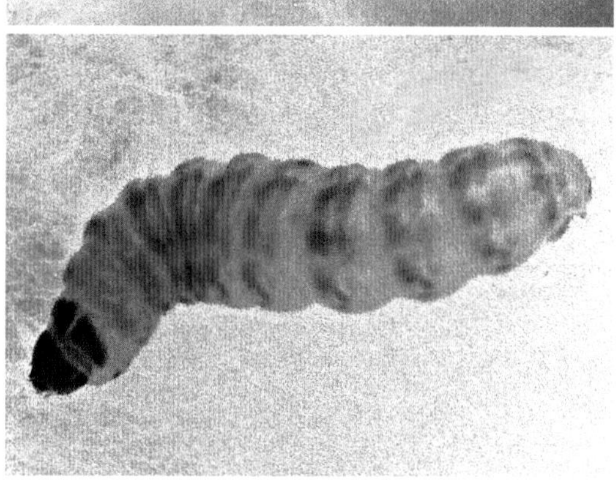

◀ 幼虫背面
◀ 幼虫侧面
▲ 成虫

螟蛾科 Pyralidae

缀叶丛螟 *Locastra muscosalis* (Walker)

别名：核桃缀叶螟、木僚黏虫。

形态特征：末龄幼虫体长35～40毫米，体色黝黑，着生短毛。头黑色，有光泽。前胸背板黑色，前缘有6个白斑，中间两个较大。背中线宽阔，杏黄色。虫体沿气门两侧有纵列白斑，气门上线列较大，下线及亚背线列较小。

发生规律与习性：初孵幼虫群居在叶面吐丝结网，舐食叶肉，先是缠卷1张叶片呈筒形。随虫体的增大，2～3龄后开始分散活动，1头幼虫缠卷复叶上部的3～4片小叶为害。1年发生1代，以老熟幼虫在土中结茧越冬。

寄主：核桃、板栗、黄栌、酸枣、女贞、火炬树、黄连木。

分布：北京、河北、山东、安徽、江苏、福建、江西、台湾、广东、广西、云南；日本、印度、斯里兰卡。

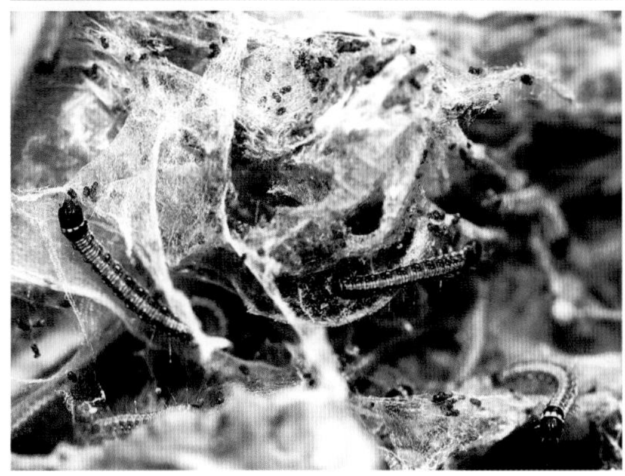

◀ 幼虫侧面
◀ 幼虫群集为害
▲ 成虫

梨云翅斑螟 *Nephopterix pirivorella* (Matsumura)

别名：梨大食心虫、黑钻眼、梨斑螟蛾、梨斑螟、黑钻眼虫、黏巴虫、梨食心虫。

形态特征：初孵幼虫淡红色，末龄幼虫褐绿色，老熟幼虫深褐色、稍带绿色，越冬幼虫紫色。末龄幼虫体长17～20毫米，体粗壮，圆筒形。头暗红褐色至深红色，胴部紫绿色。前胸盾及臀板黑色，前胸气门前方毛片具毛2根。其他体节毛片不发达。第8腹节气门大且向后方突出。腹足趾钩双序全环。

发生规律与习性：幼虫钻蛀芽心，使芽直立、变黑枯死。发生世代因地区而异，华北大部分地区1年发生2代，以2龄幼虫在花芽内越冬。

寄主：梨、杜梨、苹果、桃。

分布：东北、华北、华中、华东、宁夏、甘肃、青海、四川、云南、广西等梨产区；日本、朝鲜、西伯利亚。

▲ 幼虫侧面　　▲ 蛹

▼ 幼虫趾钩　　▼ 成虫

皂荚云翅斑螟 *Nephopteryx* sp.

形态特征：末龄幼虫体长12～15毫米，绿色至褐绿色。头部褐黄色，有褐色斑点。前胸背板黄褐色，具黑色斑纹和黑点。中胸背板上的侧毛片中央白色外围黑色。背线和亚背线及气门上线深绿色。

发生规律与习性：幼虫取食叶片。北京1年发生1代，以蛹在土中越冬。

寄主：皂荚。

分布：北京、河北、天津、山西、内蒙古、辽宁；国外分布不详。

▲幼虫

印度谷螟 *Plodia interpunctella* (Hübner)

别名：印度谷斑螟、印度谷蛾、印度粉蛾、印度粉螟、枣蚀心虫、封顶虫。

形态特征：末龄幼虫体长10～13毫米，体椭圆形，中间稍膨大。头部赤褐色，胸、腹部淡黄白色，腹部背面带淡粉红色。中胸及第8腹节亚背毛片甚大，周缘黑色。腹足趾钩双序全环。

发生规律与习性：初孵幼虫先蛀食粮粒胚部，再剥食外皮。为害干辣椒则是潜入内部蛀食，仅留透明的外皮。幼虫常吐丝结网封住粮面，或吐丝连缀食物成小团与块状，藏在内侧取食。1年发生4～6代，以幼虫在仓壁及包装物等缝隙中布网结茧越冬。

寄主：豆类、干果类、干蔬菜类、枸杞、菊花、鲜枣、中药材、糖类、稻、麦及食用菌等。

分布：世界性分布，我国除西藏外各省份均有分布。

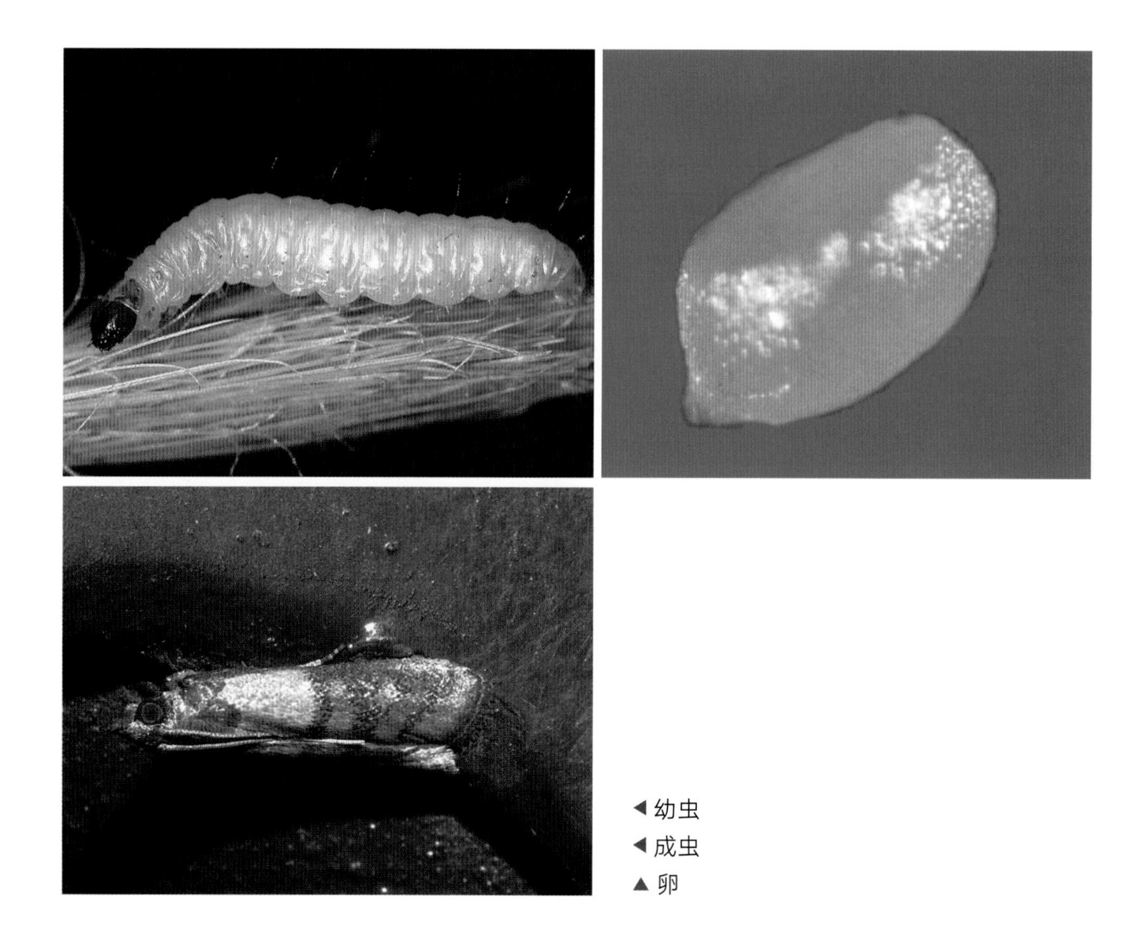

◀ 幼虫
◀ 成虫
▲ 卵

阿米网丛螟 *Teliphasa amica* (Butler)

别名：板栗网丛螟。

形态特征：末龄幼虫体长28～40毫米，体黑色，体表光滑，被有不明显的疏稀白色长毛。头部橙黄色至红色。前胸围有2条黄色横宽带，中、后胸及腹部各节在中部均有1条黄色宽带。

发生规律与习性：幼虫通常在叶片上结网，并取食网周围的叶片。年发生代数不详。

寄主：板栗、栎等。

分布：北京、天津、河南、浙江、江西、福建、湖北、四川、云南、台湾；日本。

◀幼虫
◀网中幼虫
▲成虫

大豆网丛螟 *Teliphasa elegans* (Butler)

形态特征：末龄幼虫体长32 ～ 35毫米，体白绿色，头部有黑色和黄色斑。前胸黄色背中线两侧有横向大黑斑，中、后胸和腹部背中线为黄色宽带，腹部各腹节的节间淡化，直观为枣核状黄斑。背中线两侧具黑色斑块，亚背线、气门上线和气门线黑色。

发生规律与习性：幼虫通常在叶片上结网，并取食网周围的叶片。年发生代数不详。

寄主：大豆。

分布：北京、天津、河北、河南、陕西、湖南、湖北、福建、四川、贵州、广西；日本。

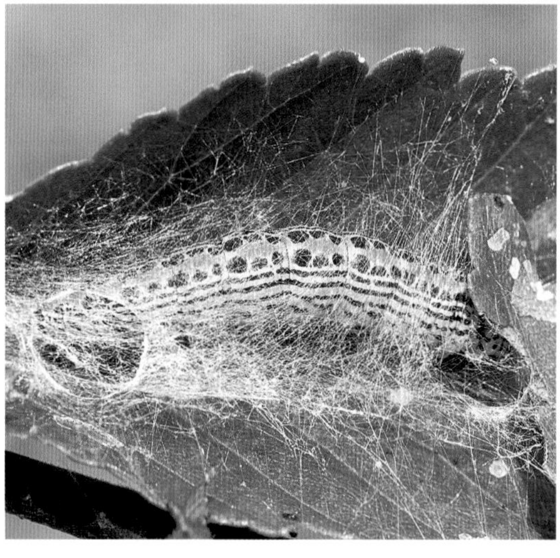

◀ 幼虫背面
◀ 幼虫结网
▲ 成虫

双线棘丛螟 *Termioptycha bilineata* (Wileman)

形态特征：末龄幼虫体长25毫米，头浅黄色或黄绿色，具红褐色或黄褐色众多斑点。胸腹部基色为淡黄绿色。从前胸至腹末具多条纵线，体侧明显可见2条褐紫色线，上线细，下线粗；在下线的下方有1条同色的线，但仅在后胸中部之前、第8腹节中部之后；线的粗细、多少变化较大，有些个体背中线也呈褐紫色，有些体侧的上线粗而下线细，不见第3条线，或上下线变粗，合并呈1条大紫褐色粗线。腹背第1～8节两侧前后各具2根细长的刚毛，刚毛着生处色深，周围色浅（在黑色个体明显可见刚毛着生处）。腹足为环形趾钩。通常幼虫老熟时体色变深。

发生规律与习性：幼虫吐丝粘叶成筒状、瓦片状或巢状，居于其中，取食叶片。1年发生2代，蛹结茧后在枯枝落叶下及浅土层中越冬。

寄主：火炬树、黄栌、罗氏盐肤木、麻栎。

分布：北京、河北、湖北、四川；日本。

▲ 雄成虫
▼ 雌成虫

▲ 幼虫背面
▼ 幼虫结网

草螟科 Crambidae

黄翅缀叶野螟 *Botyodes diniasalis* Walker

别名：杨卷叶螟。

形态特征：末龄幼虫体长24～27毫米，体绿色。头部白绿色，头顶有深浅不同的大块横向斑，单眼区黑色。前胸背板底色浅绿，围绕背板有环形黑带，中间同体色。中、后胸及腹部各节刚毛着生处的毛片呈大小不同的环形，环边黑色，内部淡绿色。刚毛较长接近体直径，白色。

发生规律与习性：初孵幼虫有群集性，啃食叶肉为害。3龄后分散为害，缀叶呈饺子状虫苞或叶筒栖息取食。幼虫活泼，遇惊扰即弹跳逃跑或吐丝下垂。北京1年发生3代，以1龄幼虫在枯枝落叶和树皮缝隙内结薄茧越冬。

寄主：杨柳科植物。

分布：北京、河北、辽宁、山东、河南、陕西、宁夏、湖北、台湾；朝鲜、日本、缅甸、印度。

▲ 幼虫

▶ 成虫

条螟 *Chilo sacchariphagus* (Bojer)

别名：高粱条螟、蔗茎禾草螟、斑点条螟、蔗螟、钻茎虫、蛀心虫、秆心虫、髓虫、打睡虫、甘蔗条螟、高粱钻心虫。

形态特征：末龄幼虫体长20～30毫米，有冬、夏两型。冬型幼虫体背有4条紫褐色纵线。夏型幼虫有4条明显的淡紫色纵线，腹部背面两侧气门之间，每节近前缘有黑褐色毛片4个，排列呈一横列，中间两个较大，近圆形，着生刚毛；近后缘也有黑褐色毛片2个，近长圆形。

发生规律与习性：初孵幼虫为害甘蔗心叶，受害叶展开后有横列的小孔和一层透明表皮，称为“花叶期”。幼虫在心叶为害10～14天，3龄后分散，由叶鞘间隙侵入蔗茎。1年发生3～6代，以老龄幼虫在叶鞘内侧结茧或在蔗茎内越冬。

寄主：高粱、玉米、甘蔗、粟、麻等。

分布：北京、河北、广东、广西、福建、浙江、云南、台湾、江西、湖南、贵州等省份；越南、印度、印度尼西亚、菲律宾、巴基斯坦、斯里兰卡、埃及。

▼ 成虫
▶ 幼虫
▶ 幼虫为害状

桃蛀螟 *Conogethes punctiferalis* (Guenée)

别名：桃实螟、桃蛀心虫、果斑螟蛾、桃果蠹、桃蠹螟、桃蛀虫、桃实虫、豹纹斑螟、桃蛀野螟、桃多斑野螟。

形态特征：末龄幼虫体长22～27毫米，体色变化较大，有淡灰褐色、暗红色及淡灰蓝等，体背泛紫红色。头部暗褐色，前胸背板褐色。前胸气门前毛片具2根毛，中胸和后胸D毛片后方各有1个无毛硬皮板，第9节上D1毛与D2毛共片。腹足趾钩为三序外缺环。

发生规律与习性：初孵幼虫蛀入幼嫩籽粒中，堵住蛀孔在粒中蛀害，蛀空后再转粒，3龄后则吐丝结网缀合小穗，在隧道中穿行为害，严重时把整穗籽粒蛀空。1年发生1～5代，以老熟幼虫在残株内结茧越冬。

寄主：扁豆、毛豆、鲜姜、野苋、玉米、高粱、向日葵、苹果、梨、桃、杏、黑枣等。

分布：在我国广泛分布；东南亚、大洋洲等。

▲ 幼虫背面
▲ 幼虫侧面

▲ 幼虫中、后胸无毛硬皮板
▲ 幼虫尾部

▲ 幼虫第 9 腹节 D1 和 SD1 毛共片
▲ 成虫

黄杨绢野螟 *Cydalima perspectalis* (Walker)

别名：黄杨绢螟、黑缘透翅蛾。

形态特征：末龄幼虫体长25～30毫米，胴体绿色。头部黑色，冠缝、额缝白色。腹部各节D1和D2毛片黑色。亚背线、气门上线浅绿色至白色，气门上线蓝白色。

发生规律与习性：1～2龄幼虫取食叶肉，3龄后吐丝做巢，在其中取食。北京地区1年发生2代，以2龄幼虫粘合叶片结包越冬。

寄主：小叶黄杨、雀舌黄杨。

分布：北京、陕西、江苏、浙江、湖北、湖南、福建、广东、四川、西藏；日本、朝鲜、印度、欧洲。

▲ 幼虫背面
▼ 幼虫侧面

▲ 成虫

瓜绢野螟 *Diaphania indica* (Saunders)

别名：瓜螟、瓜野螟蛾、棉螟蛾、印度瓜野螟。

形态特征：末龄幼虫体长30毫米，体绿色，头部淡黄色，亚背线为2条白色纵线。

发生规律与习性：以幼虫为害叶片，初龄幼虫先在叶背面取食叶肉，被害叶片上呈现出灰白色斑，3龄以后常将叶片左右卷起，以丝缀连。低龄幼虫亦可蛀食幼瓜。1年发生4～5代，以老熟幼虫在枯卷叶片中越冬。

寄主：黄瓜、甜瓜、苦瓜、丝瓜、西葫芦、南瓜、节瓜、菜瓜、棉花、木槿、大豆等。

分布：在我国广泛分布；东南亚、大洋洲、欧洲、非洲等。

◀ 幼虫
◀ 幼虫为害状
▲ 成虫

杠柳原野螟 *Euclasta stoetzneri* (Caradja)

别名：旱柳原野螟。

形态特征：末龄幼虫体长15～20毫米，体灰白色，有浅紫色至黑色斑纹。头部灰白色至棕黑褐色，有黑色斑纹。胸、腹部各节毛片为黑色斑。背线、亚背线灰白色，两侧镶有浅紫色至黑色边。气门线为较宽的橙黄色纵带。腹部腹面白色，胸足黑色，腹足白灰色，各体节刚毛着生处的毛片为黑色。

发生规律与习性：幼虫孵化后即开始分散，在爬行中可吐丝下垂，借风力扩散，幼虫取食叶片，并有缀叶为害的习性。在冀南1年发生3～4代，幼虫老熟后结茧化蛹越冬。

寄主：杠柳。

分布：北京、天津、河北、陕西、甘肃、宁夏、内蒙古、吉林、辽宁、黑龙江、山西、山东、福建、湖北、四川、西藏；蒙古国。

▲ 幼虫背面

▶ 幼虫侧面

桑绢野螟 *Glyphodes pyloalis* Waker

别名：桑叶螟、桑卷叶虫、桑绢螟、桑螟。

形态特征：末龄幼虫体长20～25毫米，体绿色至黄褐色。头部浅黄色。腹部各节D1和D2毛片黑色，背线深绿至褐色。

发生规律与习性：幼虫咀食叶肉，残留叶脉和上表皮，形成透明的灰褐色薄膜，后破裂成孔，北京1年发生2代，以末龄幼虫在落叶及杂草间吐丝结茧越冬。

寄主：桑树。

分布：北京、河北、山西、内蒙古、河南、辽宁、华东、华中、华南、西南等地；国外分布不详。

▲低龄幼虫（绿色）
▼高龄幼虫（绿色）

▲幼虫（黄褐色）
▼成虫

棉大卷叶螟 *Haritalodes derogata* (Fabricius)

别名：棉褐环野螟、棉卷叶野螟、棉卷叶螟、裹叶虫、包叶虫、棉野螟蛾、青虫子。

形态特征：末龄幼虫体长25～30毫米，全体青绿色，圆筒形，近化蛹时呈桃红色。各体节刚毛较长，黄褐色。头部橙黄色，单眼区有黑斑。前胸绿色，两侧各有1块黑斑。

发生规律与习性：幼虫吐丝缀叶为害，盛发时整株布满虫苞，为害后成扫帚丝状，严重的吃光全部叶片。自北向南1年发生3～6代，以幼虫在杂草和枯枝落叶中越冬。

寄主：棉、木槿、黄蜀葵、芙蓉、扶桑、秋葵、蜀葵、锦葵、冬葵、野棉花、梧桐等。

分布：在我国广泛分布；亚洲、非洲、大洋洲。

◀ 幼虫

◀ 幼虫群集为害

▲ 成虫

菜螟 *Hellula undalis* (Fabricius)

别名：菜心螟、菜心野螟、菜剜心野螟、萝卜螟、甘蓝螟、卷心菜螟、美洲菜心野螟、萝卜螟、吃心虫、剜心虫。

形态特征：末龄幼虫体长12～15毫米，头部黑褐色至黑色，胸腹部淡黄绿色。前胸盾光亮，淡黄褐色、黄褐色或紫灰色，有不规则黑斑。中、后胸及腹部背面有5条显著的棕色至淡紫色纵纹。背线、亚背线、气门上线及气门下线为棕色至淡紫色。

发生规律与习性：幼虫吐丝缀合心叶，在内为害，并能蛀入菜心至根部。1年发生1～3代，老熟幼虫在土中结合泥土枯叶成囊越冬。

寄主：甘蓝、花椰菜、油菜、白菜、萝卜、芜菁、芥菜、荠菜等十字花科蔬菜。

分布：北京、天津、河北、河南、山东、安徽、江苏、江西、浙江、福建、台湾、广东、广西、海南、湖南、湖北、四川、云南；美国、欧洲、非洲、大洋洲、东南亚、南亚。

▲ 幼虫背部
▼ 幼虫头、胸部

▲ 幼虫尾部
▼ 成虫

草地螟 *Loxostege sticticalis* (Linnaeus)

别名：网锥额野螟、甜菜网螟、黄绿条螟、甜菜螟蛾、甜菜幕毛虫。

形态特征：一般有6个龄期，体色多变，常见黑色、墨绿色、褐色、淡黄色。末龄幼虫体长19～25毫米，体灰绿色，腹面黄绿至灰绿色。头黑色，具白斑。前胸盾黑色，上有黄色纵纹，体背和两侧有明显的暗色纵带，带间有黄绿色波状细纵线。各体节毛瘤黑色，外围具有同心的黄白色圆环。

发生规律与习性：幼虫在叶片上吐丝拉网，咬食叶肉，留下表皮与叶脉，重者只剩下叶脉或全吃光。1年发生2～4代，以老熟幼虫在土中结茧越冬。

寄主：可取食50多科300多种植物。

分布：北京、河北、内蒙古、黑龙江、吉林、辽宁、陕西、甘肃、青海、新疆、陕西、山西、西藏；日本、朝鲜、哈萨克斯坦、印度、伊朗、欧洲、北美洲。

▶ 成虫

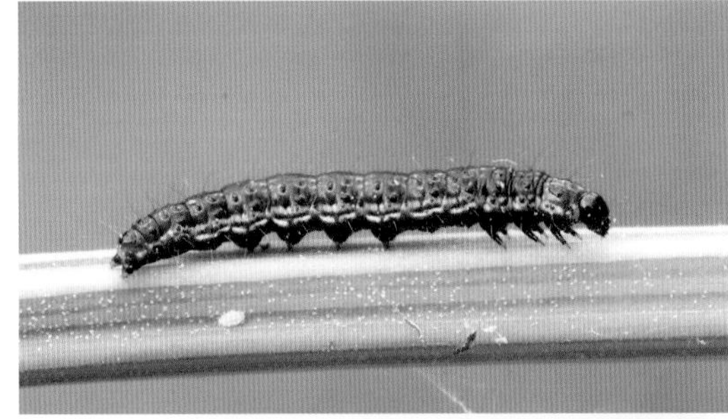

▲ 黑色幼虫
▼ 墨绿色幼虫

▲ 黑色幼虫头、胸部
▼ 墨绿色幼虫头、胸部

豇豆荚螟 *Maruca vitrata* (Fabricius)

别名：豆野螟、豆卷叶螟、豆螟蛾、大豆螟蛾、豇豆螟、豆荚螟、大豆卷叶螟。

形态特征：末龄幼虫体长18毫米，体黄绿色。头部及前胸背板黄褐色。中、后胸背板有黑褐色，毛片6个，前列4个各具2根刚毛，后列2个无刚毛。腹部各节背面具相同毛片6个，各自只生1根刚毛。

发生规律与习性：初孵幼虫蛀入嫩荚或花蕾中取食，造成其脱落，3龄后蛀入荚内食害豆粒。1年发生3～7代，以蛹在土中越冬。

寄主：菜豆、豇豆、四季豆、扁豆、刀豆、豌豆、蚕豆、大豆、绿豆、木豆。

分布：世界性分布。

◀ 幼虫

◀ 幼虫钻蛀果实

▲ 成虫

扶桑四点野螟 *Notarcha quaternalis* (Zeller)

形态特征：头部浅黄色，胴体绿色至浅绿色，胸部色淡。体各节毛片无色，但着生细长刚毛。

发生规律与习性：幼虫将叶片卷成圆筒状，并在其中为害，遇敌害或受惊迅速逃逸。年发生代数不详。

寄主：扶桑。

分布：北京、河北、陕西、四川、贵州、台湾、广东、云南；缅甸、印度、斯里兰卡、澳大利亚、南非、西非。

▲幼虫
▼成虫

玉米螟 *Ostrinia furnacalis* (Guenée)

别名：玉米钻心虫、箭杆虫，玉米髓虫、粟野螟。

形态特征：末龄幼虫体长20～28毫米，头部深黑色，体背淡灰色背中线浅褐色。中、后胸各有1排4个圆形毛片，腹部第1节至第8节前方有1排4个圆形毛片，后方有2个，较前排小。

发生规律与习性：幼虫孵化后先群集在卵壳附近，约1小时后开始分散为害。幼虫取食叶片、茎杆、穗轴、棉铃等。幼虫老熟后多在其为害处化蛹，少数幼虫爬出茎秆化蛹。1年可发生1～7代，以末龄幼虫在秸秆内越冬。

寄主：番茄、辣椒、甜椒、茄子、马铃薯、菜豆、蚕豆、大豆、姜、牛蒡、甜菜、棉花、谷子等。

分布：在我国广泛分布；东南亚各国。

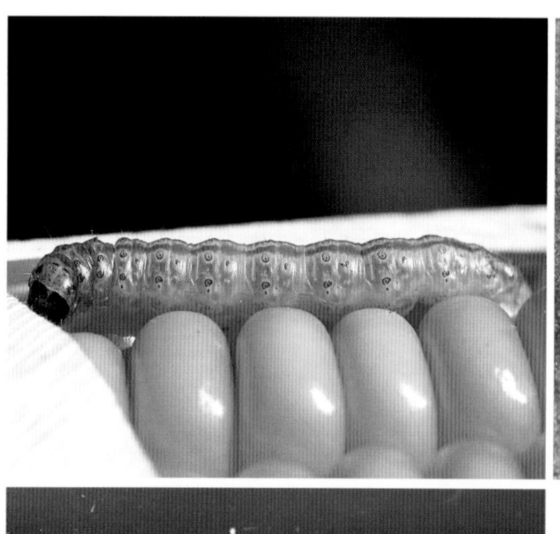

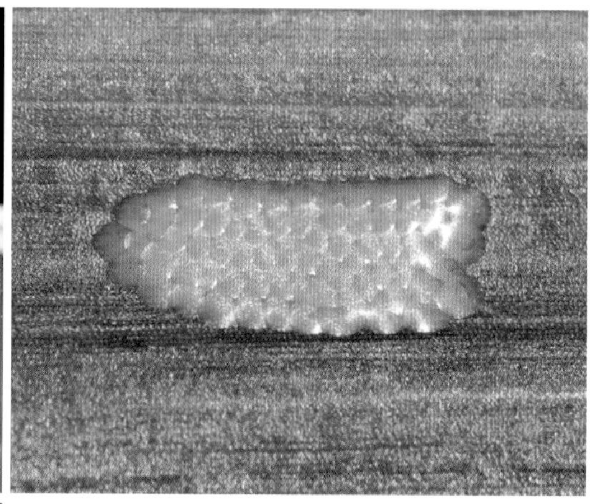

◀ 幼虫
◀ 成虫
▲ 卵

钩蛾科 Drepanidae

宽太波纹蛾 *Tethea ampliata* (Butler)

别名：阿泊波纹蛾。

形态特征：末龄幼虫体长30 ～ 35毫米，体白绿色。头部肉色。前胸背板前缘有1条褐色至黑色带，带侧下方各有2个黑斑。中胸两侧亚背线位置各有1个黑斑。腹部第8节两侧气门上方各有1个黑点，未老熟个体除上述黑点外，中、后胸及腹部1 ～ 8节各体节气门上方各有1个黑点。气门椭圆形，气门筛淡黄色，围气门片白色。

发生规律与习性：幼虫取食叶片，年发生代数不详。

寄主：槲树。

分布：北京、黑龙江、吉林、辽宁；日本、朝鲜、俄罗斯。

◀ 幼虫背面
◀ 幼虫侧面
▲ 成虫

舟蛾科 Notodontidae

杨二尾舟蛾 *Cerura menciana* Moore

别名：双尾天社蛾、二尾柳天社蛾、贴树皮、杨二岔。

形态特征：初孵幼虫体黑色，老熟后紫褐色或绿褐色。末龄幼虫体长35 ～ 38毫米，体叶绿色。头褐色，两颊具黑斑，第1胸节背面前缘白色，后面有1个紫红色三角斑，尖端向后伸过峰突，以后延至腹背末端，呈长纺锤形宽带，两侧衬白边。第4腹节近后缘有1个白色条纹斑，纹前具褐边。气门褐色，尾角褐色，翻缩囊肉红色。

发生规律与习性：幼虫取食叶片为害。幼虫活泼，受惊时尾突翻出红色管状物，并左右摆动。1年发生2 ～ 3代，以蛹在厚茧中越冬。

寄主：杨、柳。

分布：我国除新疆、广西和贵州外均有分布；朝鲜、日本、越南。

▲ 幼虫背面　　▲ 幼虫头部

▼ 幼虫侧面　　▼ 成虫

杨扇舟蛾 *Clostera anachoreta* (Denis et Schiffermuler)

别名：白杨天社蛾、白杨灰天社蛾、杨树天社蛾、小叶杨天社蛾。

形态特征：末龄幼虫体长25～28毫米，体灰赭褐色，全身密被灰黄色长毛，背面带淡黄绿色。头部黑色。背线、气门上线和气门线暗褐色，气门上线较宽。每节两侧各有4个赭色小毛瘤。第1～8腹节背中央各有1个枣红色大瘤，其基部边缘黑色，两侧各伴有1个白点。

发生规律与习性：初孵幼虫群栖；1～2龄常在1片叶上取食；2龄后吐丝缀叶成苞，在苞内啃食叶肉；3龄后分散取食，严重时可将整株叶片食光；老熟时吐丝缀叶作薄茧化蛹。依地区不同，1年发生2～6代。

寄主：杨、柳。

分布：北京、河北、黑龙江、山东、安徽、上海、江苏、浙江、陕西、湖南、湖北、江西、四川、云南、西藏、新疆、福建、甘肃等地；日本、朝鲜、斯里兰卡、越南、印度尼西亚、欧洲。

▲ 幼虫
▼ 成虫侧背面

▲ 成虫侧面
▼ 卵

著蕊舟蛾 *Dudusa nobilis* Walker

别名：著蕊尾舟蛾。

形态特征：末龄幼虫体长约70毫米。胸、腹部原生刚毛呈长刺形，每节有8个，其中以中、后胸背面两侧的最长，约为其他长度的3倍，腹部背部的两列呈柠檬黄，端部和其他呈黑色。头和前胸背板肉红色。腹部背线和亚背线黑色，纤细，不连续。气门线由许多黑色细线组成1条宽带。气门黑色，气门下线黑色且每节从下面向上斜伸，亚腹线以下的整个腹面布满黑色细纹。

发生规律与习性：幼虫取食叶片。年发生代数不详。

寄主：荔枝、槭属植物。

分布：北京、浙江、湖北、广西、海南、陕西、台湾；泰国、越南。

▲ 幼虫侧面（1） ▲ 老熟幼虫 ▲ 幼虫背面
▼ 幼虫侧面（2） ▼ 幼虫头、胸部 ▼ 成虫侧面

黑蕊舟蛾 *Dudusa sphingiformis* Moore

别名：黑蕊尾舟蛾、栾蕊舟蛾、栾天社蛾。

形态特征：末龄幼虫体长70毫米，头和前胸背板肉色。胸、腹部原生刚毛呈长刺形，每节有8个，其中以中、后胸背面两侧的最长，为其他长度的1.2～1.5倍，腹部背部的两列基半部呈柠檬黄色，端部和其他刚毛呈黑色。腹部第1节侧面有1块白斑，腹部背线和亚背线黑色，纤细。气门线由许多黑色细线组成1条宽带。气门黑色，气门下线黑色且每节从下面向前上方斜伸，亚腹线以下的整个腹面布满黑色细纹。

发生规律与习性：幼虫取食叶片，以老熟幼虫入土化蛹越冬。年发生代数不详。

寄主：栾树、槭属。

分布：北京、河南、河北、山东、安徽、浙江、福建、江西、陕西、甘肃、内蒙古、广东、广西、云南、贵州、台湾；日本、朝鲜、缅甸、越南、印度。

▲ 幼虫背面　▲ 幼虫侧面　▲ 成虫侧面
▼ 幼虫腹面　▼ 橙色幼虫侧面　▼ 成虫腹部翻起

黄二星舟蛾 *Euhampsonia cristata* (Butler)

别名：槲天社蛾、大光头、背高天社蛾。

形态特征：末龄幼虫体长65～70毫米，全体粉绿色。头大球形，具光泽。腹部第1～7节每节气门上侧有1条浅白黄色斜线，每条斜线均向后延伸至后一体节。臀板在中间部位有1条黄色带粉边的横斑。

发生规律与习性：初孵幼虫爬行迅速，可吐丝下垂，分散取食叶肉。幼虫长大后爬到叶缘取食叶片，将叶片吃到缺刻，直至食尽而残留主脉。1年发生1～2代，以蛹越冬。

寄主：柞树、蒙古栎。

分布：北京、河北、山西、内蒙古、山东、河南、辽宁、吉林、黑龙江、江苏、浙江、安徽、江西、湖北、湖南、海南、四川、云南、陕西、甘肃；朝鲜、日本、俄罗斯、缅甸。

◀ 幼虫侧面
◀ 幼虫背面
▲ 成虫

银二星舟蛾 *Euhampsonia splendida* (Oberthür)

形态特征：末龄幼虫体长75～80毫米，全体白绿色，头部色稍淡。各体节有明显横褶皱，气门黑色。臀板上具1条横向白色带。

发生规律与习性：幼虫取食叶片为害。年发生世代不详。

寄主：蒙古栎。

分布：北京、河北、山东、河南、陕西、辽宁、吉林、黑龙江、浙江、湖北、湖南；日本、朝鲜、俄罗斯。

▲ 幼虫侧面
▶ 幼虫背面
▶ 成虫

栎纷舟蛾 *Fentonia ocypete* (Bremer)

别名：栎粉舟蛾、细翅舟蛾、旋风舟蛾、细翅天社蛾、罗锅虫、屁豆虫、气虫。

形态特征：末龄幼虫25～30毫米，头部肉色，两侧颅侧区各有6条黑色细斜线，其中有2条较短。胸部叶绿色，背中央有1个内有3条白线的“工”字形纹，纹的两侧具黄边。腹部背面白色，由许多灰黑色和肉红色细线组成美丽的花纹，前者从第1腹节到第3腹节呈环状椭圆形，紧接呈“人”字形伸到第8腹节两侧，另外从第7腹节中央“人”字形分岔口到腹末中央呈1条宽带形。气门线宽带形，有许多灰黑色细线组成。气门上线仅在第2～7腹节可见，由每节1条黑色细斜纹组成。第4腹节背中央有1较大黄点，第6腹节中央有5个，第7腹节中央有5个和两侧有2个，而第8腹节中央和两侧各有2个小黄点。

发生规律与习性：1龄幼虫仅取食叶片背面叶肉，取食后叶片呈现网状块斑，似蜂窝。2龄以上幼虫，从叶缘处开始取食。严重时，被食叶片几乎不留叶脉，只剩叶柄。北京和辽宁地区1年发生1代，以蛹越冬。

寄主：日本栗、麻栎、柞栎、枹栎、蒙古栎。

分布：北京、山西、黑龙江、吉林、江苏、浙江、福建、江西、湖北、湖南、广西、重庆、四川、贵州、云南、陕西、甘肃；日本、朝鲜、俄罗斯。

▲ 幼虫侧面　　▲ 幼虫头、胸部
▼ 幼虫背面　　▼ 成虫

燕尾舟蛾 ***Furcula sangaica* (Moore)**

形态特征：初孵幼虫体黑紫色，逐渐变为绿色。末龄幼虫体长35～38毫米，体叶绿色。头浅红褐色。背部两侧各有1条红黄色纵带，在腹部背面呈弧形。尾角长，红色。

发生规律与习性：初孵幼虫取食叶肉，残留叶脉呈网状。2龄以后由叶缘蚕食全部叶肉，将叶片咬成缺刻或全部吃光。幼虫老熟后在树干处结茧化蛹越冬。1年发生2～3代。

寄主：杨、柳。

分布：北京、河北、黑龙江、吉林、内蒙古、湖北、浙江、江苏、陕西、甘肃、新疆、四川、云南；朝鲜、日本、俄罗斯。

▲ 幼虫侧面　　▲ 幼虫头部
▼ 幼虫背面　　▼ 成虫

栎枝背舟蛾 *Harpyia umbrosa* (Standinger)

别名：银白天社蛾、栗叶银天社蛾、叉角舟蛾。

形态特征：末龄幼虫体长50～55毫米，体深绿色，体表散布有许多白点和白斑。腹部背面的枝形突起灰紫褐色，突起基部有1块大的灰褐色网状斑，其中以第2～5腹节上的较显著，斑内具黄白点。气门附近也有1块灰紫褐色网状斑，其中第2～6腹节上的似连成一片，第9腹节两侧突起至中央菱形脊紫色。胸部背线和亚背线白色，边暗紫色，腹线白色。气门筛白色，围气门片黑色。

发生规律与习性：幼虫取食叶片。1年发生1代。

寄主：日本栗、板栗、麻栎、柞栎。

分布：北京、山西、黑龙江、江苏、浙江、山东、湖北、湖南、四川、云南；日本、朝鲜。

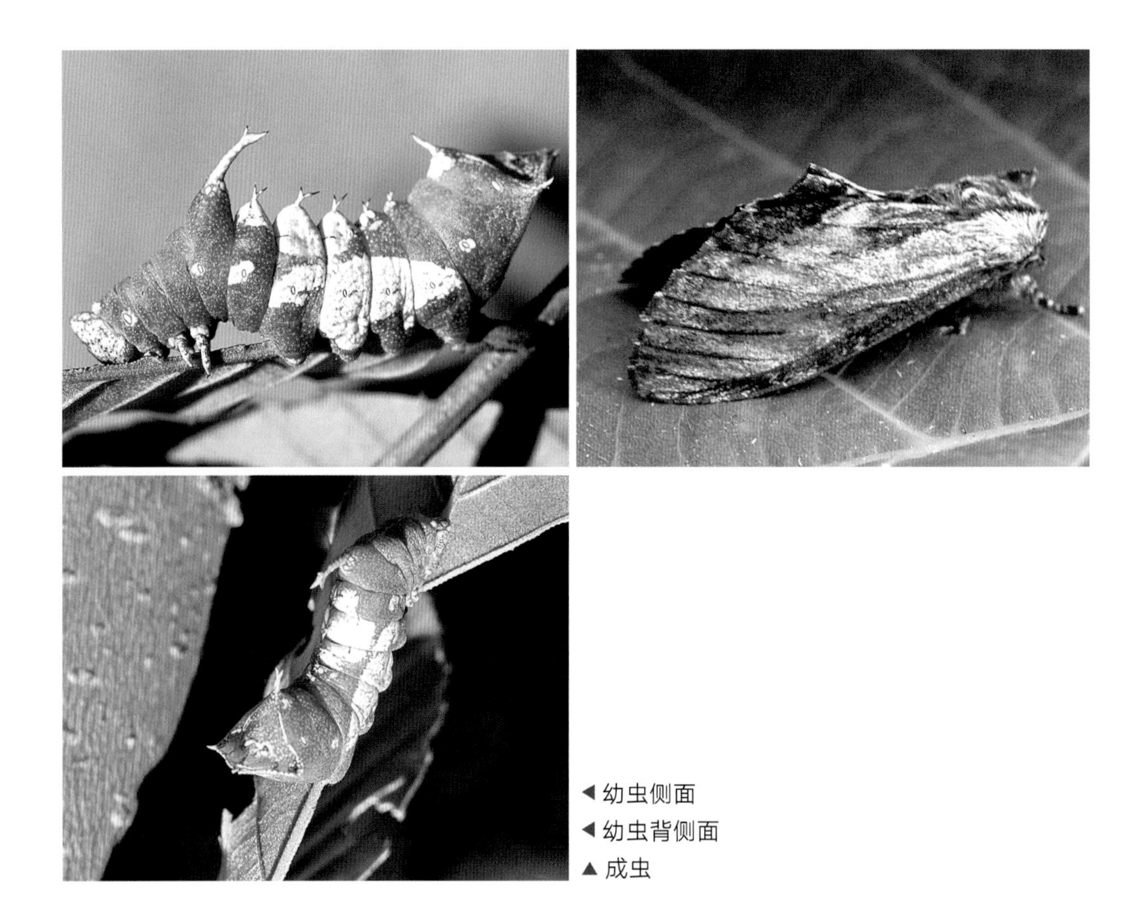

◀ 幼虫侧面
◀ 幼虫背侧面
▲ 成虫

杨小舟蛾 *Micromelalopha sieversi* (Staudinger)

别名：杨褐天社蛾、小舟蛾。

形态特征：末龄幼虫20～25毫米。末龄前身体叶绿色，末龄体色为灰绿到灰褐色，老熟时呈赭黄色。头大，肉色，颅侧区各有1条由细点组成的黑纹，呈"人"字形。亚背线黄白色，亚背线以下灰黑色，腹面叶绿色。在腹部背面的第1节和第8节背中央各有2个较大的毛瘤，其周围紫红色。有时第3腹节和第5腹节背面背中央有2个紫红色疣。

发生规律与习性：幼虫没有群居性。初孵幼虫吃掉卵壳后，在该叶片取食为害，剥食叶肉。在河南1年发生3～4代，在树洞、落叶、墙缝和屋角等处吐丝结茧化蛹越冬。

寄主：杨、柳。

分布：北京、山西、吉林、黑龙江、江苏、浙江、安徽、江西、山东、湖北、湖南、四川；日本、朝鲜、俄罗斯。

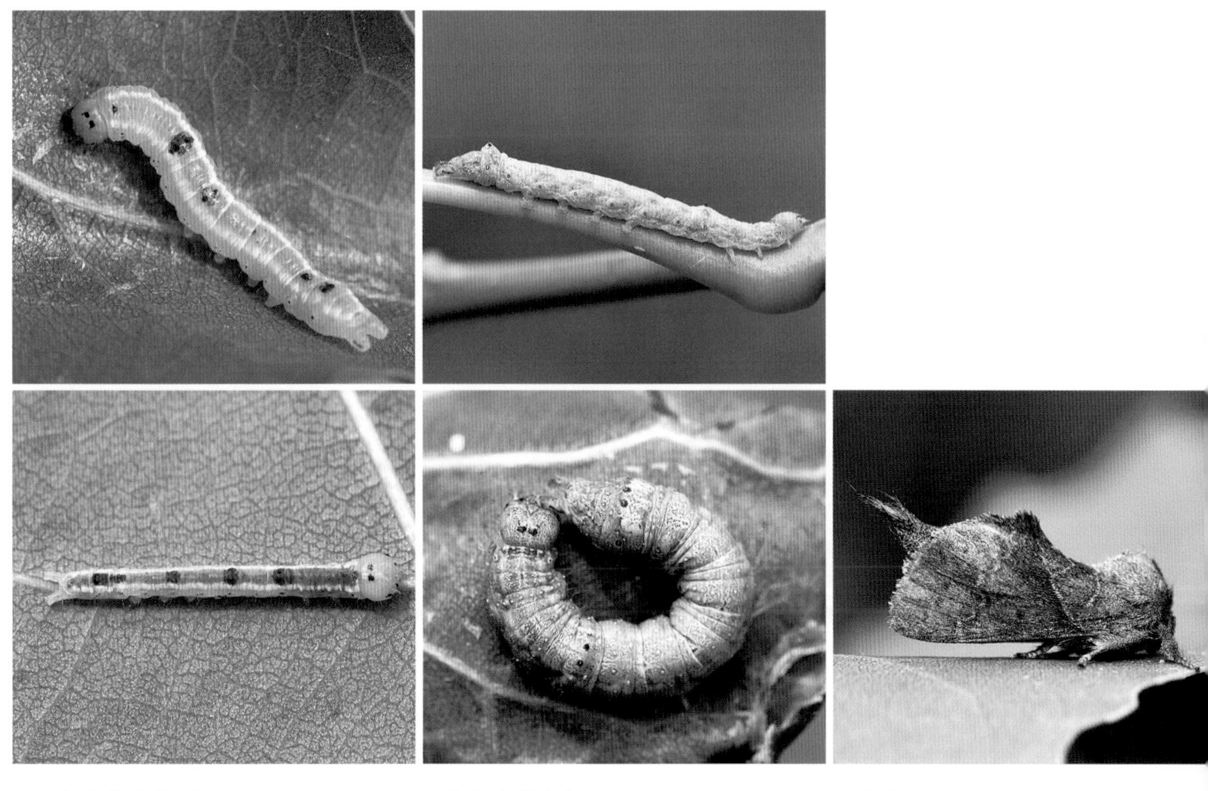

▲ 灰绿色幼虫背侧面
▼ 灰绿色幼虫背面
▲ 灰绿色幼虫侧面
▼ 灰褐色幼虫背面
▲ 成虫

榆白边舟蛾 *Nerice davidi* Oberthür

别名：榆天社蛾、榆红肩天社蛾。

形态特征：末龄幼虫体长31～34毫米，全体粉绿色，头部具“八”字形暗线。第1～2腹节背峰突上的刺紫红色，下面有白色小点排列成的边。气门筛白色，围气门片黑色。气门线紫红色，下衬白色。胸足基部和爪紫红色。第6腹节从气门下线到足基部后面有1条斜紫红色线，第7腹节至末端亚腹线紫红色。

发生规律与习性：幼虫取食叶片。1年发生2～4代，以末龄幼虫在寄主根部周围土下吐丝结茧化蛹越冬。

寄主：榆树。

分布：北京、河北、黑龙江、吉林、山东、山西、江西、陕西、江苏、甘肃；朝鲜、日本、俄罗斯。

▲ 幼虫侧面（1）
▼ 幼虫侧面（2）

▲ 成虫

仿白边舟蛾 *Nerice hoenei* (Kiriakoff)

形态特征：末龄幼虫体长36～37毫米，体淡绿色，纺锤形。头部乳黄至浅绿白色，两侧各具1棕色纵纹。背面中央从第2胸节起到末端有2列锯齿形突起，除第2节和末节每节两侧只有2个齿形突外，其余每节两侧各由4个小齿形突呈纵行排列组成。背线白色，气门线粉白色。气门橘红色。胸、腹足淡绿色，端部褐色。

发生规律与习性：幼虫取食叶片，年发生代数不详。

寄主：桃、杏、苹果。

分布：北京、山西、辽宁、陕西、甘肃；国外分布不详。

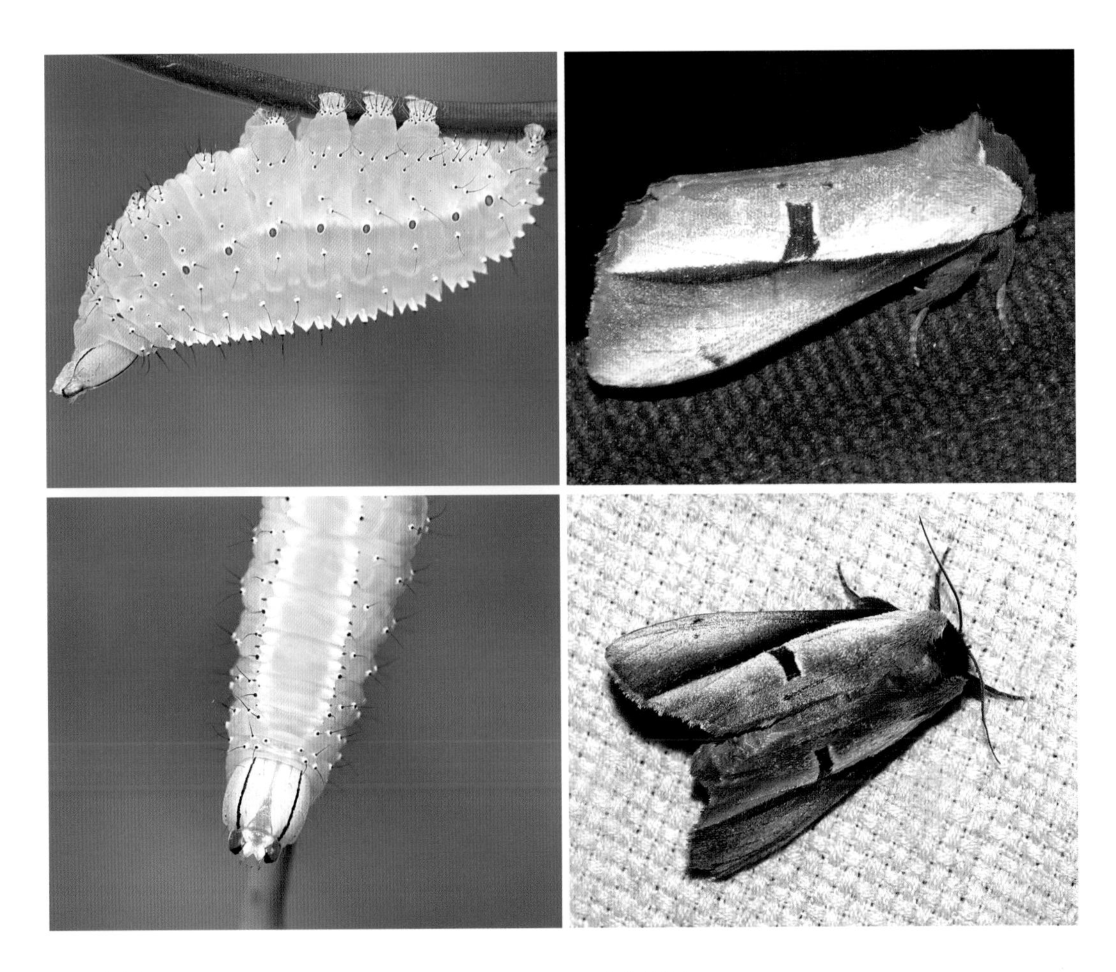

▲ 幼虫侧面
▼ 幼虫头部

▲ 成虫侧面
▼ 成虫背面

濛内斑舟蛾 *Peridea gigantea* Butler

别名：白肾舟蛾。

形态特征：末龄幼虫体长35～40毫米，绿色。头部淡绿色，额区中央两侧有2对纵线，里侧的1对为白色，外侧1对为白色且镶有深褐色边，最外侧为镶黑边的棕色宽带。前胸绿色，中央两侧有2对纵线，内侧1对为白色，外侧为镶有粉色边的白色。气门之前的气门线较宽，为粉色。中胸侧面的气门线附近为1块中央具黑斑的粉黄色斑块，胸足棕褐色。腹部绿色，各节分布有白点。背中线为粉色，两侧镶有白边，起点从中胸到腹部末端。第1～8腹节各有1条从气门侧前方向后下方延伸的橙色短斑。气门筛白色，尾气门片黑色，腹足绿色。

发生规律与习性：幼虫取食叶片。1年发生2代。

寄主：麻栎、日本栗、桴栎、大桴栎。

分布：北京、内蒙古、黑龙江、吉林；日本、朝鲜、俄罗斯。

◀ 幼虫侧面
◀ 幼虫背侧面
▲ 幼虫背面

栎掌舟蛾 *Phalera assimilis* (Bremer et Grey)

别名：栎黄掌舟蛾、肖黄掌舟蛾、彩节天社蛾、栎黄斑天社蛾、黄斑天社蛾、榆天社蛾、麻栎毛虫。

形态特征：1 ~ 2龄幼虫体黑褐色，身上橙红色纵线及各体节的横条纹不明显。老熟幼虫体长55 ～ 60毫米，蜕皮前体黑褐色，刚蜕皮体色鲜艳，呈橙红色。头黑色，亚背线、气门上线气门下线、和腹线橘红色至深红色。每节中央有1条橘红色缺环线，其上密生黄褐色长毛。

发生规律与习性：幼虫孵化后群集为害，常成串排列在枝叶上。3龄后幼虫食量大增，开始分散为害。幼虫受惊时吐丝下垂。1年发生1代，以老熟幼虫在树下入土化蛹越冬。

寄主：麻栎、栓皮栎、柞栎、白栎、锥栎、板栗等。

分布：北京、河北、山西、辽宁、江苏、浙江、福建、江西、河南、湖北、湖南、广西、海南、四川、重庆、云南、陕西、甘肃、台湾；朝鲜、日本、俄罗斯。

▲ 幼虫背面
▼ 幼虫侧面

▲ 幼虫群集为害
▼ 成虫

苹掌舟蛾 *Phalera flavescens* (Bremer et Grey)

别名：举尾毛虫、举枝毛虫、秋黏虫、苹天社蛾、苹黄天社蛾、黑纹天社蛾。

形态特征：幼虫1～3龄时头和臀足黑色，身体紫红色，全身密被长白毛；4龄后体色加深渐至紫黑色。末龄幼虫体紫黑色，毛灰黄色，亚背线和气门上线黄白色，气门下线和腹线暗褐色，无环线；气门筛黑色，围气门片白色。

发生规律与习性：幼虫孵化后先群居于叶片背面，头向叶缘排列成行，由叶缘向内蚕食叶肉，仅剩叶脉和下表皮。1龄幼虫受惊后成群吐丝下垂。1年发生1代，以末龄幼虫在植株根部附近土壤中化蛹越冬。

寄主：苹果、梨、杏、桃、李、樱桃、山楂、枇杷、海棠、沙果、榆叶梅、栗、榆等。

分布：北京、河北、山西、辽宁、上海、江苏、浙江、福建、江西、山东、湖北、湖南、广东、广西、云南、海南、四川、贵州、陕西、甘肃、台湾；朝鲜、日本、俄罗斯、缅甸。

▲幼虫
▼幼虫头部

▲成虫
▼幼虫在叶背群集为害

▲卵
▼幼虫为害处仅剩叶脉

刺槐掌舟蛾 *Phalera grotei* Moore

形态特征：末龄幼虫体长60毫米，体被棉白色至粉绿色，头部褐带绿色。气门线为1条赭褐色宽带，下面为1条黄白色宽带。腹面黑色，腹线灰白色，气门黑色。气门上方和后方各有1个椭圆形黑点，与气门呈“品”字形排列，毛灰白色。化蛹前全身变成灰黑色，毛灰黄色。

发生规律与习性：幼虫常将寄主叶片食光。幼虫行动迟缓，3龄前很少转移。取食或栖息时如遇惊扰，头则左右反复摆动以示警戒。在山东1年发生1代，以蛹在土中越冬。

寄主：刺槐、刺桐、栎。

分布：北京、河北、山东、辽宁、江苏、浙江、安徽、福建、江西、湖北、湖南、广东、广西、海南、四川、贵州、云南；朝鲜、印度、尼泊尔、缅甸、越南、印度尼西亚、马来西亚。

▲ 灰黑色幼虫侧面（化蛹前）　▲ 粉绿色幼虫背面
▼ 粉绿色幼虫侧面　▼ 成虫

榆掌舟蛾 *Phalera takasagoensis* Matsumura

别名：榆黄斑舟蛾、黄掌舟蛾、榆毛虫、榆黄掌舟蛾。

形态特征：末龄幼虫体长35～40毫米，体黑色。亚背线双道，气门上线和气门下线白色，腹线黄白色。每节中央有1条红色环带，其上密生淡黄白色长毛。气门筛黑色，围气门片白色。身体腹面从胸部至第6腹节具赭黄色带。

发生规律与习性：初孵幼虫群集为害叶肉，造成白色透明网状叶。3龄后分散为害，昼伏夜出，严重时吃光叶片，仅剩叶柄。1年发生1代，以末龄幼虫在土内化蛹越冬。

寄主：榆树、栎属植物。

分布：北京、河北、陕西、江苏、甘肃、山东、湖南、台湾；日本、朝鲜。

◀ 幼虫头部
◀ 幼虫侧面
▲ 成虫

杨剑舟蛾 *Pheosia rimosa* Packard

形态特征：末龄幼虫体长35～45毫米，长圆柱形，白绿色，光滑，具瓷质光泽。头部宽扁。第8腹节背面有1个宽角锥形突起，末端短尖，黑色。臀板上据棕黄色似颗粒状突起。气门下线黄色，腹面及腹足褐绿色，气门筛黑色，围气门片同体色且其外围具白色晕环。

发生规律与习性：幼虫取食叶片，低龄幼虫聚集为害，随龄期增大扩散为害。在辽宁1年发生2代，以蛹在土中越冬。

寄主：杨树。

分布：北京、山西、内蒙古、黑龙江、吉林、陕西、甘肃、新疆、台湾；日本、朝鲜、俄罗斯。

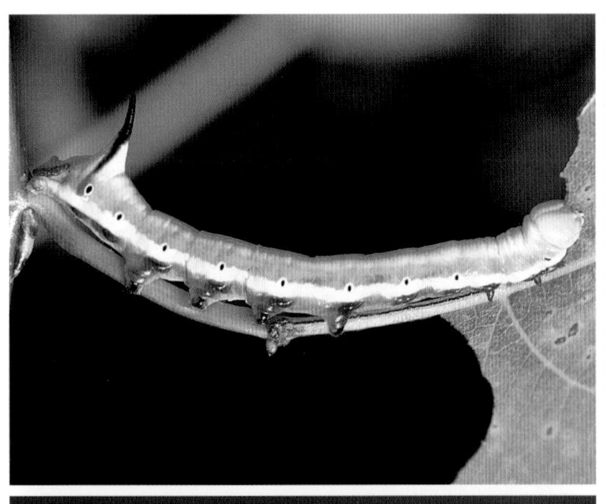

◀ 幼虫背侧面
◀ 幼虫侧面
▲ 成虫

槐羽舟蛾 *Pterostoma sinicum* Moore

别名：国槐羽舟蛾。

形态特征：末龄幼虫体长56～58毫米，头胸部较细，腹部较粗，身体光滑，背面粉绿色，腹面深绿色，节间黄绿色。气门线黄白色，上衬黑色细边，向前延伸至头部两侧。气门筛白色，围气门片褐色。

发生规律与习性：幼虫取食叶片，严重时，可将叶片食光。1年发生2代，以末龄幼虫入土吐丝结茧化蛹越冬。

寄主：槐、洋槐、朝鲜槐、多花紫藤。

分布：北京、河北、山东、山西、辽宁、上海、江苏、浙江、安徽、福建、江西、湖北、湖南、广西、四川、云南、西藏、陕西、甘肃；日本、朝鲜、俄罗斯。

▲ 幼虫背面　　▲ 幼虫腹侧面
▼ 幼虫侧面　　▼ 成虫

沙舟蛾 *Shaka atrovittatus* (Bremer)

别名：黑条沙舟蛾。

形态特征：末龄幼虫体长49～53毫米，体粉绿色，腹面叶绿色，气门下线黄白色，胸足暗红色，基节黑色，气门筛橘红色，围气门片黑色。

发生规律与习性：幼虫取食叶片。年发生代数不详。

寄主：槭属植物。

分布：北京、河北、山西、黑龙江、辽宁、吉林、江西、湖南、四川、云南、陕西、甘肃、台湾；日本、朝鲜、俄罗斯。

▲ 成虫
▶ 幼虫侧面
▶ 幼虫取食为害

丽金舟蛾 *Spatalia dives* Oberthur

形态特征：末龄幼虫体长35～40毫米，体粉褐色。头部粉褐色，具褐色网纹。胸部气门线黄白色，亚腹线黑色，腹面同体色。腹部第1节背面有1大的横向隆起，第8节背面有2个钝瘤。腹部侧面第1～8节各气门线为向上隆起的黑色弧线，该弧线近气门处较宽，弧顶处较细且色浅。胸足赤褐色，腹足褐粉色，基部有黑斑。气门筛黄色，围气门片黑色。

发生规律与习性：幼虫取食叶片为害。

寄主：蒙古栎、榆树。

分布：北京、河北、陕西、黑龙江、吉林、辽宁、湖北、湖南、贵州、台湾；日本、朝鲜、俄罗斯。

▶成虫

▲幼虫侧面
▼幼虫背侧面

▲幼虫头、胸部
▼幼虫尾部

苹蚁舟蛾 *Stauropus fagi* (Linnaeus)

别名：苹果天社蛾、天社蛾。

形态特征：末龄幼虫体长45毫米，褐色。头部正面有2个黑褐色条纹。第7腹节背面呈一大片状突起，腹背第1～2节突起侧面暗褐色。气门周围具暗褐色斜线，第3～6腹节具暗褐色气门上线。

发生规律与习性：幼虫取食为害植物叶片呈缺刻状，严重时吃光叶片。1年发生2代，结茧化蛹在土中越冬。

寄主：苹果、梨、李、樱桃、麻栎、赤杨、胡枝子、连香树等。

分布：北京、吉林、内蒙古、山西、陕西、甘肃、四川、广西；朝鲜、日本、俄罗斯。

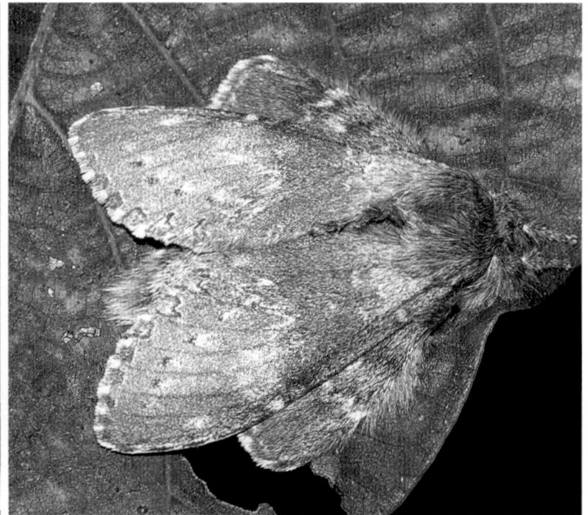

◀ 幼虫
◀ 幼虫腹部腹面末端
▲ 成虫

核桃美舟蛾 *Uropyia meticulodina* (Oberthür)

别名：核桃天社蛾、核桃舟蛾。

形态特征：末龄幼虫体长28～30毫米，体大部绿色，头部红褐色，胸部浅紫褐色，第3胸节和腹部底色嫩绿。腹部背面自第1节至末节具紫褐色花纹，并在第3节延伸扩大到两侧气门处，形似钝锚形；第7～8节扩大呈菱形，整个紫褐色花纹衬黄白色边。疣状瘤上具2个小黑点，背线黑色。越冬幼虫化蛹前颜色变黑褐色。

发生规律与习性：幼虫取食叶片。1年发生2代，以末龄幼虫吐丝缀叶结茧化蛹越冬。

寄主：胡桃、核桃楸。

分布：北京、河北、山东、辽宁、吉林、江苏、浙江、江西、福建、湖北、湖南、陕西、甘肃、四川、云南、贵州、广西；日本、朝鲜、俄罗斯。

▲ 幼虫侧面
▼ 幼虫背面

▲ 黑褐色幼虫（化蛹前）
▼ 成虫

梨威舟蛾 *Wilemanus bidentatus* (Wileman)

别名：黑纹天社蛾、亚梨威舟蛾。

形态特征：末龄幼虫31～34毫米，体叶绿色。头部紫红色，颅侧区各有2条暗紫色和黑色线。胸部背面有1条锥形紫色纹，纹的尖端向后伸与腹部紫色纹相连，两侧每节衬有黄点和细白线。胸足基部紫色。腹部背面紫色纹几乎占满了整个背面，其中第3～6节呈长方形，第7节突然变细，以后逐渐变宽大至末端，第1～5节和第7节亚背区两边各有1黄色斑，第1节和第8节背中线两侧各有1个瘤状突起。

发生规律与习性：幼虫取食叶片，静止时多在叶柄处爬伏。1年发生1代，以末龄幼虫入土结茧化蛹越冬。

寄主：梨、苹果、杏、李。

分布：北京、河北、山西、辽宁、黑龙江、江苏、浙江、福建、江西、山东、湖北、湖南、广西、四川、贵州、云南；日本、朝鲜、俄罗斯。

◀幼虫
◀成虫

瘤蛾科 Nolidae

亚皮夜蛾 *Nycteola asiatica* (Krulikowski)

形态特征：末龄幼虫体长30～35毫米，体翠绿色，两端稍细，头部色稍淡。刚毛细长，胸、腹部各节着生细长的白色刚毛，其长度超过体直径1.5倍。胸足和腹足淡绿色。

发生规律与习性：初孵幼虫群集在嫩叶间吐丝粘叶为害，3龄以后分散转移到别的嫩梢上食叶成缺刻。在鲁南、苏北地区1年发生6代，以成虫在背风向阳的墙缝、乱草堆及翘裂树皮下越冬。

寄主：杨树。

分布：北京、山东、江苏、湖南；日本。

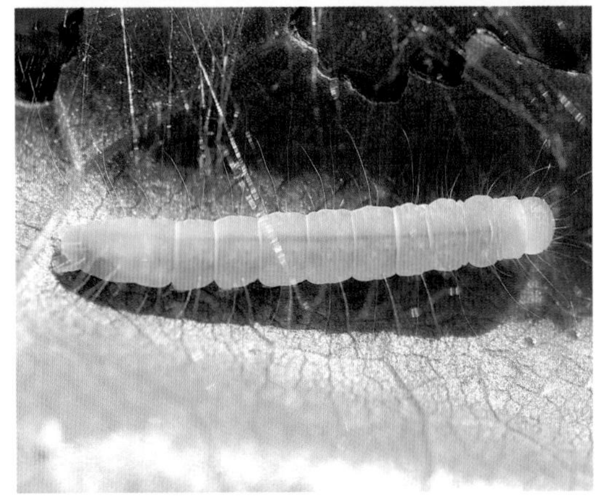

◀ 幼虫侧面
◀ 幼虫背面
▲ 成虫

夜蛾科 Noctuidae

隐金夜蛾 *Abrostola triplasia* (Linnaeus)

形态特征：末龄 幼虫体长35～40毫米，身体前细后粗。头部褐色，微绿，有棕褐色网状纹，两侧有黑色条纹。胸部灰绿色，有棕黑色网纹。腹部圆筒形，向后逐渐粗大，第8节背面有显著隆起的驼峰，峰顶有1个褐斑，背线浅绿色，第2节背面有1个大浅绿斑，第3～8节两侧有褐绿色“八”字形条纹，各条纹间呈白绿色。气门白色，围气门片黑色。胸足棕褐色，腹足褐绿色，外侧有粉白色条纹。

发生规律与习性：幼虫取食叶片。1年发生2代，以末龄幼虫在土表吐丝粘结土粒、叶片，并在其中结茧化蛹越冬。

寄主：荨麻属、葎草属、野芝麻属植物。

分布：北京、河北、山西、山东、内蒙古、黑龙江、江苏、安徽、浙江、福建、广东、广西、云南、贵州；日本、叙利亚、欧洲。

▲ 成虫
▶ 幼虫侧面（1）
▶ 幼虫侧面（2）

两色绮夜蛾 *Acontia bicolora* Leech

别名：两色困夜蛾。

形态特征：末龄幼虫体长18～23毫米，体黄褐色稍显紫红色，全身密布细网纹，背面黄褐色，各节侧面有棕黑色斑。头部紫褐色，额及唇基片黑色。第8腹节背面隆起，色稍深，气门线较宽、白色，腹线色较淡。气门筛黄色，围气门片黑色，腹部各节气门上、下有黑色不规则斑。全身毛片黑色。胸足黑褐色，端部色稍深；腹足粉褐色。

发生规律与习性：以幼虫食叶，将叶片食成孔洞或缺刻。1年发生1代，以末龄幼虫入土结茧越冬。

寄主：扶桑。

分布：华北、华中、华东；日本、朝鲜。

▲ 幼虫背侧面
▼ 幼虫侧面

▲ 成虫侧面
▼ 成虫背面

谐夜蛾 *Acontia trabealis* (Scopoli)

别名：白薯绮夜蛾。

形态特征：末龄幼虫体长20～25毫米，体色变化很大，身体细长，呈尺蠖形，第8腹节稍隆起。绿色型体青绿色，头部褐绿色，具有灰褐色不规则网纹，额区淡绿色，背面亚腹线至气门线间有不明显的黑色花纹，气门线绿白色，较宽；前胸盾与臀板褐绿色，胸足、腹足褐绿色；气门椭圆形，气门筛黄白色，围气门片褐色。

发生规律与习性：低龄幼虫啃食叶肉，形成小孔洞，3龄后沿叶缘食成缺刻。1年发生2代，以蛹在土室中越冬。

寄主：甘薯、打碗花。

分布：北京、河北、江苏、新疆；日本、朝鲜、中亚、欧洲。

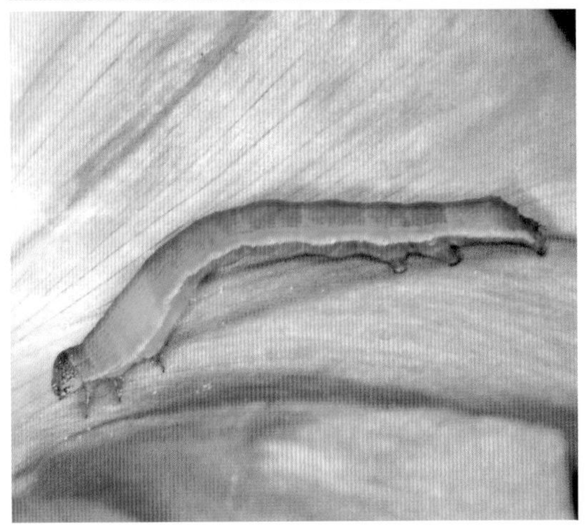

▲ 成虫侧面
▶ 成虫侧面
▶ 幼虫

榆剑纹夜蛾 *Acronicta hercules* (Felder et Rogenhofer)

形态特征：末龄幼虫体长42～46毫米，体扁圆，黄褐色，有蓝色闪光。头赤褐色，上唇及唇基橙褐色，冠缝及旁额片棕褐色。第8腹节背面隆起，第9、10节显著缩小，各体节有较长的端部稍膨大的刚毛，刚毛棕褐色。气门下方及腹面有成从的毛瘤，各具刚毛5～6根，背线黑色。气门筛灰黄色，围气门片黑色。胸足黄褐色，端部深褐色，腹足与体色相同。

发生规律与习性：幼虫取食叶片，形成孔洞。1年发生1代，以末龄幼虫在树皮裂缝及树木腐朽部分啃食树皮成屑，吐丝缀连结茧化蛹。

寄主：榆树。

分布：北京、河北、天津、内蒙古、山西、黑龙江、福建；日本。

◀ 幼虫侧面
◀ 幼虫背侧面
▲ 成虫

桃剑纹夜蛾 *Acronicta intermedia* (Warren)

形态特征：末龄幼虫体长40～45毫米，头部棕黑色，旁额片灰黄色。背线黄色，亚背线由中央为白点的黑斑组成，气门上线棕红色，气门线灰色，气门下线粉红至橙黄色，亚腹线灰色，腹线灰白色，气门筛黄褐色，围气门片黑色。臀板黑灰色，腹部第1节及第8节背面有锥形黑色突起，上有黑色短毛，各体节的毛片上着生黄色至棕色长毛。胸足黑褐色，腹足灰黄色。

发生规律与习性：低龄幼虫啃食叶片下表皮成纱网状，高龄幼虫食成孔洞和缺刻。东北、华北1年发生2代，以蛹在土中和树皮缝中结茧越冬。

寄主：李、梨、杏、樱桃、苹果、梅、柳。

分布：北京、河北、山西、山东、辽宁、吉林、黑龙江、江苏、安徽、浙江、广西、河南、云南、西藏；朝鲜、日本。

◀幼虫侧面
◀幼虫背面
▲成虫

桑剑纹夜蛾 *Acronicta major* (Bremer)

别名：桑夜蛾、香椿毛虫、大剑纹夜蛾、香椿灰斑蛾。

形态特征：末龄幼虫体长49～54毫米。头黑色，表面光滑，带有蓝色光泽，冠缝下方稍具黄白色。刚毛较长，灰白色至黄色。体背面沿背中线两侧刚毛黑色。胸足黑色，腹足棕褐色。

发生规律与习性：初孵幼虫群集于叶片上啃食表皮，3龄后可把叶吃光，残留叶柄。幼虫有转枝、转株为害的习性。1年发生1代，以蛹越冬。

寄主：桑、桃、李、杏、梅、椿、柑橘。

分布：北京、河北、江苏、浙江、湖北、四川、云南；日本。

▲ 幼虫腹面
▼ 幼虫背面

▲ 成虫
▼ 幼虫群集为害

梨剑纹夜蛾 *Acronicta rumicis* (Linnaeus)

别名：梨叶夜蛾。

形态特征：末龄幼虫体长28～33毫米，体棕褐色。头部褐色，冠缝及旁额片白色。背线为黄白色刻点并具1列黑斑，亚背线有1列白点。气门上线灰白色，气门线灰褐色，气门下线紫红色间有黄斑。气门筛白色，围气门片黑色，各节有灰褐色短毛丛，毛片淡褐色。腹面紫褐色，腹部第1、8节背面隆起。胸足、腹足黄褐色。

发生规律与习性：初孵幼虫啃食叶片叶肉残留表皮，稍大可啃食成缺刻和孔洞。1年发生2代，以末龄幼虫吐丝缀叶结茧化蛹越冬。

寄主：梨、桃、苹果、山楂、梅、柳、悬钩子、玉米等。

分布：东北、华北、华中、华西、华东；国外分布不详。

▲ 幼虫侧面
▼ 幼虫背侧面

▲ 幼虫背面
▼ 成虫

果剑纹夜蛾 *Acronicta strigosa* (Denis et Schiffermuller)

别名：樱桃剑纹夜蛾。

形态特征：末龄幼虫体长25～30毫米，体绿色或红褐色。头部黑色，头顶两侧有褐色圆斑，颊区黄绿色。腹部第8节稍隆起。背线绿色，亚背线赭褐色，气门上线黄色，自气门线至腹线均为淡绿色，臀板中央有黑斑，亚背线上的毛黑色。气门筛淡黄色，围气门片黑色。胸足黄褐色，腹足绿色，端部有橙红色带。气门以上的毛棕黑色，以下的毛淡黄色。

发生规律与习性：1～3龄幼虫食叶肉，仅留下表皮，似纱网状，3龄后把叶吃成长圆形孔洞或缺刻，还可啃食幼果果皮。1年发生2代，以蛹越冬。

寄主：梨、山楂、桃、苹果、杏、梅、樱桃、李。

分布：北京、河北、黑龙江、辽宁、四川；朝鲜、日本、欧洲。

▲ 幼虫背侧面
▼ 幼虫侧面

▲ 幼虫背面
▼ 成虫

小地老虎 *Agrotis ipsilon* (Hufnagel)

别名：黑地蚕、切根虫、土蚕。

形态特征：末龄幼虫体长37～50毫米，体灰褐至暗褐色，体表粗糙，布大小不一且彼此分离的颗粒。头部褐色，具黑褐色不规则网纹。背线、亚背线及气门线均黑褐色。前胸背板暗褐色，黄褐色臀板上具2条明显的深褐色纵带。腹部第1～8节背面各节上D2毛片比D1毛片大1倍以上。胸足与腹足黄褐色。

发生规律与习性：幼虫主要为害幼苗，在齐土面的部位把幼苗咬断，或将切断的幼苗连茎带叶拖至土穴中取食。1年发生2～7代，以幼虫和蛹在土中越冬。

寄主：寄主植物广泛，达100多种，其中喜食的蔬菜有瓜类、茄果类、豆类和十字花科等10多种。

分布：世界性分布。

▲ 幼虫
▼ 幼虫身体上的颗粒

▲ 幼虫尾部臀板
▼ 成虫

黄地老虎 *Agrotis segetum* (Denis et Schiffermüller)

别名：地蚕、切根虫。

形态特征：末龄幼虫体长33～40毫米，特征与小地老虎相近，主要区别为体黄褐色（小地老虎灰褐色），体表无明显颗粒（小地老虎体表颗粒明显），多褶皱（小地老虎无褶皱）。腹部背面4个毛片大小相近。臀板中央有黄色纵纹，两侧各有1个黄色大斑。

发生规律与习性：以幼虫为害春播作物的幼苗，常切断幼苗近地面的茎部，使整株死亡，造成缺苗断垄，甚至毁种。1年发生2～3代，多以末龄幼虫在土壤中越冬。

寄主：草莓、蔬菜、小麦、玉米、草坪草等。

分布：华北、东北、西北；欧洲、亚洲、非洲及大洋洲。

◀ 幼虫侧面
◀ 幼虫背面
▲ 成虫

大地老虎 *Agrotis tokionis* Butler

别名：黑虫、地蚕、土蚕、切根虫。

形态特征：末龄幼虫体长40～60毫米，体黄褐色，体表多褶皱，无明显颗粒。头部褐色，中央具黑褐色纵纹1对，额（唇基）三角形，底边大于斜边。各腹节D1毛片与D2毛片大小相似。臀板除末端2根刚毛附近黄色外，几乎全为深褐色。体表布满龟裂状皱纹。

发生规律与习性：幼虫咬断苗根、茎，啃食幼苗嫩茎或苗木生长点，常造成缺苗断垄。1年发生1代，以3～4龄幼虫在杂草丛及绿肥田的表土层中越冬。

寄主：蔬菜、棉花、玉米、烟草、芝麻、果树等幼苗。

分布：东北、华北、华中、华南、西北地区；国外分布于前苏联到日本一带。

▲幼虫　　▲幼虫尾部
▼幼虫头部　　▼成虫

小造桥虫 *Anomis flava* (Fabricius)

别名：棉小造桥虫、棉夜蛾、小造桥夜蛾。

形态特征：末龄幼虫体长33～35毫米，体黄绿色，细长，前后端粗细相似。头部光滑，黄色。第1～3腹节常弯曲呈桥状，第1腹足退化，仅留极不明显的趾钩痕迹，第2对较小。背线、亚背线及气门上线为灰绿色。气门椭圆形，气门筛黄色，围气门片褐色。胸足与腹足黄绿色。

发生规律与习性：1～2龄幼虫取食下部叶片，稍大转移至上部为害，4龄后进入暴食期。老龄幼虫在苞叶间吐丝卷苞，在苞内作薄茧化蛹。1年发生3～6代，以蛹越冬。

寄主：棉、木槿、蜀葵、苘麻、冬苋菜、木耳菜、烟草。

分布：华北、东北、华中、华东、华南、西南地区；欧洲、非洲、亚洲。

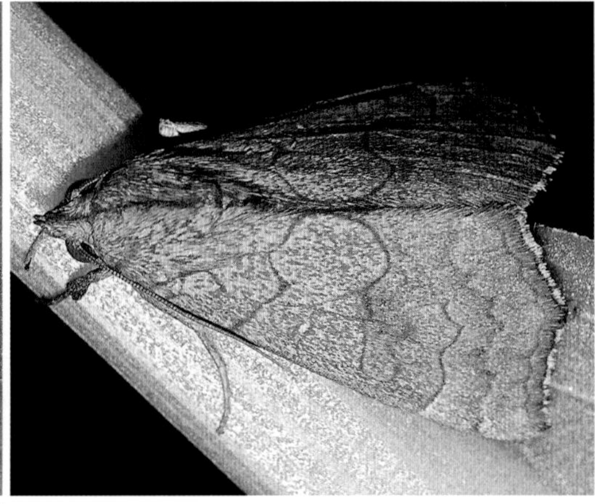

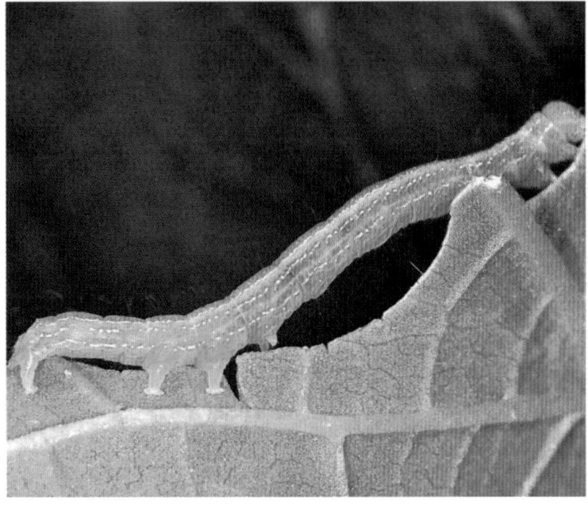

◀ 幼虫背侧面
◀ 幼虫侧面
▲ 成虫

苎麻夜蛾 *Arcte coerula* (Guenée)

别名：红脑壳虫、摇头虫。

形态特征：末龄幼虫体长53～66毫米，体色分黑色型和黄白型。黑色型身体黑色，体各节刚毛白色；头部和前胸盾黑色，臀板橙黄色，气门上线白色，断断续续，气门下线呈较宽的黄白色，气门筛和围气门片黑色，外围具橙黄色晕环，胸足和腹足黑色。黄白型体黄白色，前胸盾片、臀板橙黄色；头黄褐色，布有细小颗粒；气门线、气门上线黑色，腹气门四周桃红色，各体节背面具黑横纹5～6条；胸足黄褐色，腹足外侧黑色。

发生规律与习性：初孵幼虫群集顶部叶背为害，把叶肉食成筛状小孔，3龄后分散为害。幼虫活跃，受惊后吐丝下垂或以腹足、臀足紧抱叶片左右摆头，口吐黄绿色汁液，1年发生1～3代。以幼虫或成虫越冬。

寄主：苎麻、黄麻、亚麻、大豆。

分布：北京、河北、山东、浙江、湖北、湖南、江西、福建、广东、海南、四川、云南；日本、印度、斯里兰卡、南太平洋岛屿。

◀ 黑色型幼虫背侧面
◀ 黑色型幼虫侧面
▲ 成虫

银纹夜蛾 *Ctenoplusia agnata* (Staudinger)

别名：豆步曲、大造桥虫。

形态特征：末龄幼虫体长30毫米，体淡绿色，虫体前端较细，后端较粗。头部浅绿色，各体节毛片上具黑色长刚毛。体背线、亚背线、气门上线和气门线白色，胸足及腹足绿色。第1～2腹足退化，行走时体背拱曲。

发生规律与习性：低龄幼虫蚕食叶肉，残留一侧表皮，呈透明状，大龄幼虫将叶片吃成孔洞或缺刻，甚至将其吃光。1年发生4～5代，以蛹越冬。

寄主：甘蓝、白菜、萝卜等十字花科蔬菜以及莴笋、茄子、胡萝卜等。

分布：北京、河北、山西、陕西、山东、福建、云南、台湾；日本、朝鲜、俄罗斯。

▲ 幼虫背面　　▲ 茧
▼ 幼虫侧面　　▼ 成虫

艾冬夜蛾 *Cucullia artemisiae* (Hufnagel)

别名：嗜蒿冬夜蛾。

形态特征：末龄幼虫体长40～45毫米，头粉绿色，背线紫红色，亚背线深绿，气门上线粉绿，气门线由紫红斑组成，腹线绿色。各体节在背线两侧有紫褐色肉质刺2对，背面的1对端部分叉，第8腹节上的刺较大。气门筛粉白色，围气门片紫褐色。

发生规律与习性：幼虫取食叶片。以末龄幼虫在寄主附近土中吐丝结厚茧化蛹越冬。年发生代数不详。

寄主：菊科植物。

分布：北京、河北、新疆、黑龙江、吉林；日本、俄罗斯、蒙古国、中亚至欧洲。

▶ 幼虫背侧面（1）
▶ 幼虫背侧面（2）
▼ 成虫

长冬夜蛾 *Cucullia elongata* Butler

形态特征：末龄幼虫体长40～42毫米，体粉绿色。头黑色，有不规则斑。背线黄色，亚背线为黑色宽带，气门上线为黑色细带，两线间粉绿色中夹有1条黑色带，气门线黄色，气门下线间断黑色，腹面淡绿色，气门筛黄色，围气门片黑色，刚毛黑色，胸足和腹足淡绿色。

发生规律与习性：幼虫取食叶片，以末龄幼虫在寄主周围附近入土吐丝结茧化蛹越冬。年发生代数不详。

寄主：菊科植物。

分布：北京、天津、河北、山西、内蒙古、黑龙江、吉林、辽宁；日本、印度、西伯利亚。

▲ 成虫
◀ 幼虫背面
◀ 幼虫侧面

莴笋冬夜蛾 *Cucullia fraterna* Butler

别名：莴苣冬夜蛾。

形态特征：末龄幼虫体长约45毫米。头部黑色，有光泽，额缝灰白色。背线黄色，气门线黄色，两线之间各体节中部有1个大块菱形黑斑，体节之间具1个哑铃型黑斑，两块黑斑之间有灰白色隔纹，上有蓝色闪光。腹线黑色，臀板黑色。气门近圆形，气门筛黑色，围气门片黑色。胸足黑色，腹足灰黄色，外侧有1块黑斑。

发生规律与习性：幼虫为害嫩叶及花。1年发生2代，以末龄幼虫入土结茧化蛹越冬。

寄主：莴苣、苦菜、山莴苣、蒲公英。

分布：北京、黑龙江、内蒙古、新疆、江西、辽宁、吉林、浙江等省份；日本、韩国。

▲ 幼虫侧面（1） ▲ 幼虫侧面（2）
▼ 幼虫背面 ▼ 成虫

三斑蕊夜蛾 *Cymatophoropsis trimaculata* Bremer

形态特征：末龄幼虫38～43毫米，体绿色，头黄绿色，背线、亚背线、气门上线及气门下线绿色，腹线、亚腹线淡黄色。前胸和中胸盾前缘有1块较大黑斑，后部有1块较小的黑斑，后胸近前缘有1块黑斑，腹部第1～9节背面亚背线上方有1对椭圆形黑斑，臀板有1块大黑斑。气门筛淡黄色，围气门片色较深。胸足黄绿色，腹足同体色，端部黄色。

发生规律与习性：幼虫取食叶片。北京1年发生1代，以末龄幼虫入土作室化蛹越冬。

寄主：小叶鼠李。

分布：北京、河北、内蒙古、山西及西南地区；日本、朝鲜。

▲ 幼虫背面
▼ 幼虫侧面

▲ 幼虫尾部
▼ 成虫

缤夜蛾 *Daseochaeta alpium* (Osbeck)

别名：高山翠夜蛾。

形态特征：末龄幼虫体长26～30毫米，头部黄褐色，布满不规则黑斑。腹部第1、3、6节背部中央各有扁圆形白斑1个，各体节有较长的暗黄色毛簇；第8节亚背面有白斑1对，第9节背面有1块大斑，斑上有4个小黑点。胸足黑色，腹足暗黄色，端部黑色。

发生规律与习性：幼虫取食叶片。以蛹在枯枝落叶越冬。

寄主：栎、桦、山毛榉、米心树等。

分布：北京、黑龙江、山东、江西、湖北、四川；朝鲜、日本、欧洲。

▲ 幼虫侧面
▼ 幼虫背面

▲ 成虫（1）
▼ 成虫（2）

臭椿皮蛾 *Eligma narcissus* (Cramer)

别名：旋皮夜蛾、椿皮灯蛾。

形态特征：末龄幼虫体长约40毫米，体黄色，刚毛较长，白色。头顶两侧有黑斑。前胸和中胸背面两侧各有1块黑斑，后胸及腹部第1 ～ 8节背中线上各有1块近圆形的黑斑，其各节圆形斑的两侧的毛片具大小不等的黑斑，有时相连成片。臀板黄色，有黑斑。气门筛黄白色，围气门片褐色。胸足淡黄色，腹足黄色。

发生规律与习性：以幼虫取食叶片，造成缺刻、孔洞或将叶片吃光。1年发生2代，以包在薄茧中的蛹在枝、干上越冬。

寄主：臭椿、樗树。

分布：北京、河北、山东、福建、湖北、四川、云南；日木、印度、菲律宾。

◀ 幼虫侧面

◀ 幼虫背面

▲ 成虫

枯叶夜蛾 *Eudocima tyrannus* (Guenée)

别名：枯艳叶夜蛾。

形态特征：末龄幼虫体长60～70毫米，体色多变，有黑褐色、棕褐色、紫红色、橘黄色、绿色等各种色型。典型特征是腹部第2～3节背面两侧各有1个带黑边圆形眼斑，中央靠下部具黑色瞳孔状黑斑，黑斑上有蓝色斑点，黑斑侧上方的白色区域近似白眼球，侧下方具橘黄色窄边缘，第8腹节背面隆起。

发生规律与习性：幼虫取食叶片，成虫吸食果汁。1年发生2～3代，以成虫越冬。

寄主：蝙蝠葛、通草。

分布：北京、河北、山东、江苏、浙江、湖北、福建、海南、广西、四川、云南、台湾；日本、印度。

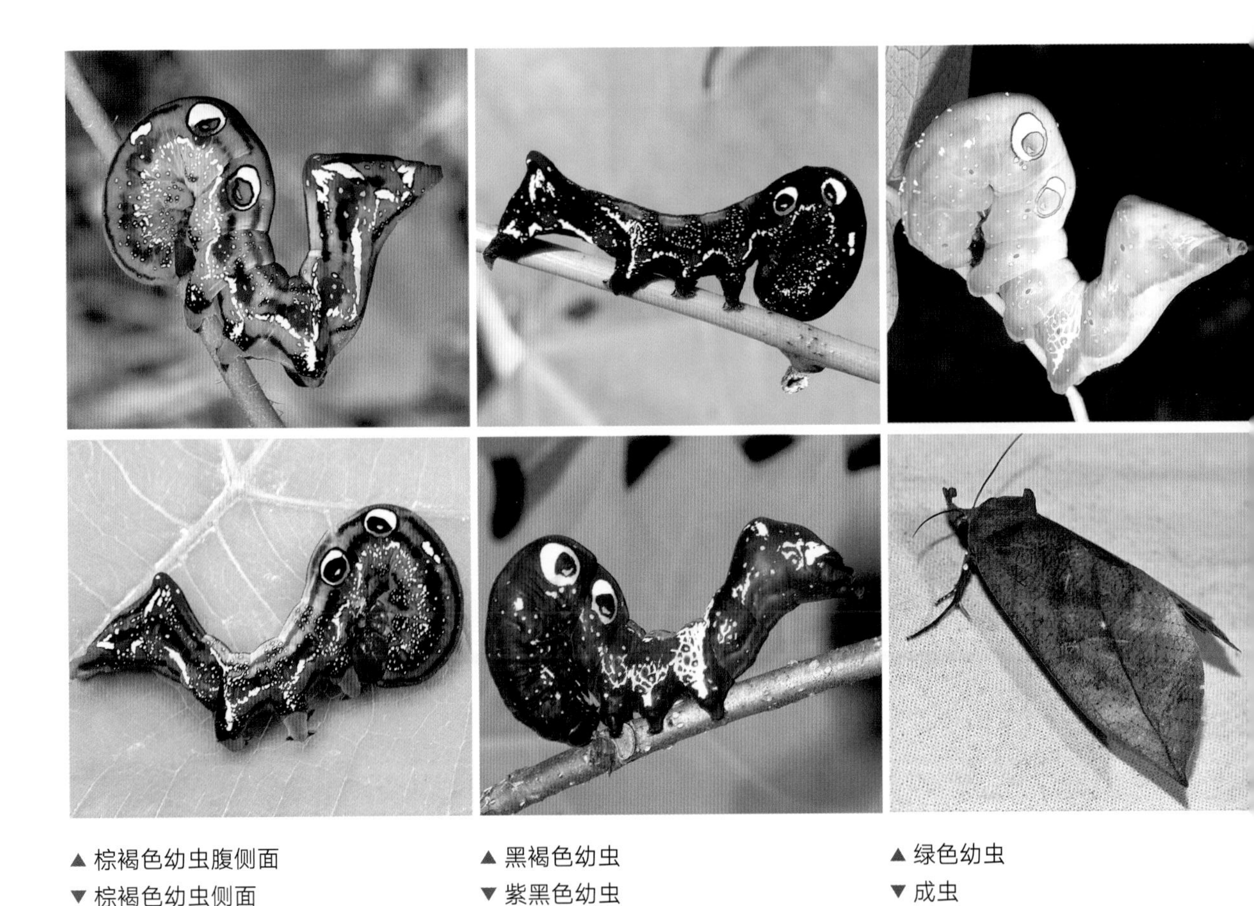

▲棕褐色幼虫腹侧面
▼棕褐色幼虫侧面

▲黑褐色幼虫
▼紫黑色幼虫

▲绿色幼虫
▼成虫

旋幽夜蛾 *Hadula trifolii* (Hufnagel)

别名：三叶草夜蛾、车轴草夜蛾、甜菜黎夜蛾。

形态特征：老龄幼虫体长30 ～ 35毫米。3龄以前为黄绿色，5 ～ 6龄体色多变。气门线呈紫红色宽带，具黄边。多数个体为紫褐色至黑褐色，背线细与甘蓝夜蛾相同，亚背线较甘蓝夜蛾明显粗，各体节在亚背线上方有黑色短直纹图。头部没有褐色网状纹,而甘蓝夜蛾有网状纹。

发生规律与习性：低龄幼虫常取食叶片背面的叶肉，仅留下上表皮呈窗膜状，大龄幼虫常造成大孔洞或食尽整张叶片。在甘肃1年发生3代，以蛹在土壤中作土室越冬。

寄主：豌豆、蚕豆、甜菜、菠菜、油菜、白菜、马铃薯、葱、小麦、玉米、谷子、高粱、糜子、棉花、苘麻、苹果等农作物，还有藜、田旋花、萹蓄、车前草等杂草。

分布：北京、辽宁、河北、内蒙古、陕西、甘肃、宁夏、青海、新疆、西藏等省份；北非、北美、欧洲、亚洲。

▲ 幼虫侧面
▼ 幼虫背侧面

▲ 成虫
▼ 蛹

棉铃虫 *Helicoverpa armigera* (Hübner)

别名：棉铃实夜蛾、钻心虫。

形态特征：末龄幼虫头部黄褐色有不明显的斑纹，体长32～42毫米，典型特征是前胸气门前下方毛片上的2根刚毛连线与气门很近或与气门相切，气门椭圆形，体上刚毛较细长。体色多变，大致可分为4个类型：①淡红型，背线、亚背线褐色，气门线白色，毛突黑色；②黄白型，背线、亚背线淡绿，气门线白色，毛突与体色相同；③淡绿型，背线、亚背线不明显，气门线白色，毛突与体色相同；④深绿型，背线、亚背线不太明显，气门淡黄色。

发生规律与习性：初龄幼虫取食嫩叶，其后为害蕾、花、铃，多从基部蛀入蕾、铃，在内取食，并能转移为害。受害幼蕾苞叶张开、脱落，被蛀青铃易受污染而腐烂。1年发生3～5代，以蛹在寄主根际附近土中越冬。

寄主：棉花、玉米、小麦、大豆、番茄、辣椒、茄子、南瓜、向日葵、苘麻、苜蓿、万寿菊、芝麻、烟草、豇豆、荞麦、野苋菜、苍耳、木槿等。

分布：世界性分布。

▶ 成虫

▲ 体色多变的幼虫

烟青虫 *Helicoverpa assulta* (Guenée)

别名：烟草夜蛾、烟实夜蛾。

形态特征：末龄幼虫体长40～50毫米，色泽与棉铃虫相似，体色变化较大，有绿色、灰褐色、绿褐色等多种。体表较光滑，体背有白色点线，各节有瘤状突起，上生黑色短毛。各体节体表刚毛比棉铃虫短而粗。气门近圆形，气门裂隙弧形。典型特征是前胸气门前下方毛片上的两根刚毛连线与气门远离。

发生规律与习性：以幼虫蛀食花、果为害，为蛀果类害虫。为害辣(甜)椒时，整个幼虫钻入果内，啃食果皮、胎座，并在果内缀丝，排留大量粪便，使果实不能食用。1年发生2～6代，以蛹越冬。

寄主：辣椒、甜椒、彩椒、烟草和番茄。

分布：在我国广泛分布；朝鲜、韩国、日本、印度、缅甸、斯里兰卡、印度尼西亚。

▲ 幼虫背面
▼ 幼虫侧背面

▲ 成虫（1）
▼ 成虫（2）

苹梢鹰夜蛾 *Hypocala subsatura* Guenée

别名：苹果梢夜蛾。

形体特征：幼龄时体色黑褐色，4龄后逐渐变色，多数个体为淡绿色。末龄幼虫体长30～35毫米。头部黄褐色。背中线淡褐色，两侧具细白线，亚背线白色，背面观在背中线两侧为4条白色纵线。气门线和气门上线白色，气门上线与亚背线间有程度不同的纵向黑斑。腹面乳白色，胸足和腹足乳白色。气门筛白色、围气门片黑色。成虫体色有变化，基本有两色型。

发生规律与习性：幼虫为害叶片、新梢，严重时全树的新梢生长点被食或咬断，形成秃梢。北方地区大多1年发生1代，少部分可以完成2代。

寄主：苹果、梨、李、杏、柿、栎等。

分布：北京、河北、山西、陕西、甘肃、山东、江苏、云南、贵州、台湾等省份；日本、韩国、印度、巴基斯坦、西伯利亚。

▲ 幼龄幼虫（头部黑色）
▼ 幼虫

▲ 不同色型的成虫

甘蓝夜蛾 *Mamestra brassicae* (Linnaeus)

别名：甘蓝叶盗蛾、菜夜蛾。

形态特征：1～2龄幼虫体色浅绿色，3龄后逐渐加深，4～6龄分化各色。末龄幼虫体长28～37毫米。背线、亚背线及气门下线灰白色，气门线暗褐色，前胸盾与臀板暗褐色，气门椭圆形，气门筛黄白色，围气门片暗褐色。第8腹节比第7腹节约大1倍。胸足黄褐色，腹足黄色，外侧具有褐色斑。

发生规律与习性：初孵幼虫聚集为害，啃食叶片，残留下表皮，大龄幼虫白天潜伏，夜间活动，能把叶肉吃光，仅剩叶脉和叶柄。常常有幼虫钻入甘蓝、大白菜等叶球并留了不少粪便，易引起腐烂。在北方1年发生3～4代，以蛹在土表下10厘米左右处越冬。

寄主：白菜、甘蓝、甜菜、瓜类、豆类、高粱、荞麦、烟草、棉、亚麻、桑、葡萄、柑橘、紫苏、蓖麻等。

分布：北京、黑龙江、内蒙古、河北、山东、江苏、浙江、安徽、湖南、四川、新疆、西藏；欧洲、亚洲。

▲ 幼虫背侧面 ▲ 幼虫取食叶片 ▲ 成虫
▼ 幼虫侧面 ▼ 蛹 ▼ 卵

黏虫 ***Mythimna separata*** **(Walker)**

别名：粟夜盗蛾、剃枝虫。

形态特征：末龄幼虫体长35～40毫米，体色常因环境与食物而有变化，一般为黄色、绿色及褐色。头部褐色，具有黄褐色不规则较大网状花斑，头部中央靠近旁额片有黑褐色纵条，额中央的条斑不明显。

发生规律与习性：幼虫食叶，大发生时可将作物叶片全部食光，造成严重损失。1年发生2～7代，以幼虫或蛹在表土下或土缝里过冬。

寄主：水稻、小麦、高粱、玉米、燕麦、荞麦、稗、苜蓿、紫云英、甘薯、甜菜、生姜、苏丹草、莴笋、白菜等。

分布：我国除新疆、西藏和陕西未发现外，其他各省份均有分布；古北区东部、印度、澳大利亚以及东南亚地区。

▲ 幼虫

▶ 成虫

乏夜蛾 *Niphonyx segregata* (Butler)

别名：葎草流夜蛾。

形态特征：末龄幼虫体长30毫米，头部绿色，体翠绿色，背线、亚背线及气门线黄白色。气门下线及腹线不明显，黄绿色。节间黄色，全身有乳白色小颗粒，并由稀疏的褐色刚毛。气门筛淡黄色，围气门片褐色。胸足及腹足粉绿色，端部黄褐色。

发生规律与习性：幼虫取食叶片。1年发生2代，以末龄幼虫入土作室化蛹越冬。

寄主：葎草。

分布：北京；俄罗斯、西伯利亚。

◀ 幼虫侧面
◀ 幼虫背面
▲ 成虫

平嘴壶夜蛾 *Oraesia lata* (Butler)

形态特征：末龄幼虫体长42～52毫米，体灰黄色至灰褐色。头部黄色，每侧有3个较大的黑斑，前胸背板前缘有4个黑斑。背线与亚背线黑色，气门上线黑色，每个体节气门上线上方各有1个黑点，气门线和气门下线黑色，各条线间有细的波浪形白色纹，臀板有黑色斑点及条纹。胸足黄色，腹足色深，趾钩灰黄色，气门黑色。老熟时黑灰色，胸足、腹足白色。

发生规律与习性：幼虫取食叶片，喜在阴湿环境的寄主上取食，昼夜取食，受惊后幼虫有假死垂地习性，老熟幼虫吐丝将叶连在一起结茧化蛹。北京1年发生1代。

寄主：蝙蝠葛、柑橘、紫堇、唐松草。

分布：北京、河北、内蒙古、山东、黑龙江、吉林、辽宁、福建、云南；朝鲜、日本、俄罗斯。

▶ 幼虫侧面

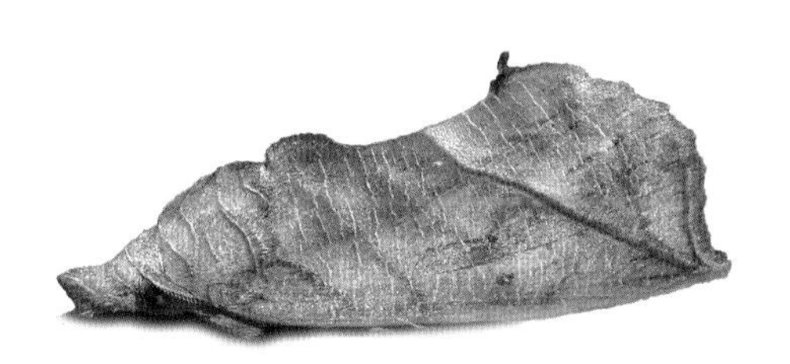

▲ 成虫背面
▼ 成虫侧面

▲ 幼虫侧腹面
▼ 幼虫背侧面

纯肖金夜蛾 *Plusiodonta casta* (Butler)

形态特征：幼虫体黑色，头部橙黄色，两侧具黑色大斑，腹部第1～2节两侧具白色肾型斑，第3～4节两侧具长方形大白斑，第8节背面两侧具小白斑。胸足橙黄色，腹足同体色。

发生规律与习性：幼虫取食叶片。年发生代数不详。

寄主：蝙蝠葛。

分布：北京、黑龙江、山东、江苏、浙江、湖北、湖南、福建；日本、朝鲜。

▼ 幼虫

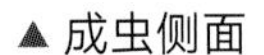

▲ 成虫侧面

▲ 成虫背面

葡萄虎蛾 *Sarbanissa subflava* (Moore)

别名：葡萄修虎蛾、艳修虎蛾。

形态特征：末龄幼虫32～40毫米，头部橙色，上有多个黑斑。胸、腹部黄色，前胸背板及两侧黄色，胴部每节有不同大小的黑色斑点，上具白色长毛。腹部第8节背面稍隆起。低龄幼虫的毛瘤和斑点色淡，随虫龄增长呈黑色。

发生规律与习性：幼虫取食叶片，受惊时头翘起并吐黄色液体自卫。北京及辽宁地区1年发生2代，以末龄幼虫入土越冬。

寄主：爬山虎、五叶地锦。

分布：北京、河北、山东、山西、内蒙古、黑龙江、辽宁、浙江、江西、湖北、贵州、广东；日本、朝鲜、俄罗斯。

▲ 幼虫侧面
▼ 幼虫背面

▲ 成虫背面
▼ 成虫前后翅及腹部

红棕灰夜蛾 *Sarcopolia illoba* (Butler)

别名：苜蓿紫夜蛾、桑夜盗虫。

形态特征：末龄幼虫体长39～43毫米，体色淡绿至黄褐色，体上密布黄白色小圆斑。背线和亚背线上在各体节均可见排列成行白色小圆斑。各体节D毛片着生位置均为黑色小斑点。气门上线黑色，气门线白色，气门下线鲜黄色，气门筛黄白色，围气门片黑色。胸足黄色。端部黄褐色，腹足与腹部同色，但端部棕褐色。

发生规律与习性：幼虫将叶片食成缺刻或孔洞，严重时可把叶片食光，也可为害嫩头、花蕾和浆果。1年发生2代，秋季入土作土室化蛹越冬。

寄主：甜菜、茼蒿、菜豆、草石蚕、草莓、枸杞、茄子、胡萝卜、豌豆、豇豆、大豆、大黄、桑、黑莓等。

分布：北京、河北、山东、陕西、山西、内蒙古、甘肃、黑龙江、江苏、浙江、福建、江西；日本、朝鲜、俄罗斯、印度。

▲ 绿色型幼虫
▼ 黄褐色型幼虫

▲ 成虫背面
▼ 成虫背侧面

丹日明夜蛾 *Sphragifera sigillata* (Ménétriès)

别名：丹日夜蛾。

形态特征：末龄幼虫体长34～40毫米，体黄绿色。头部褐绿色，两侧各有浅黄色点及不规则黄斑1块，斑外围有黑圈。腹部第1～4节背面各有不规则的大黄斑1块，边缘棕褐色，黄斑上间有褐色及白色斑点，第7～9节上有褐边黄斑。

发生规律与习性：幼虫取食叶片。年发生代数不详。

寄主：核桃。

分布：北京；日本、西伯利亚。

▲ 幼虫侧面
▼ 幼虫背面

▲ 成虫背面
▼ 成虫侧面

淡剑贪夜蛾 *Spodoptera depravata* (Butler)

别名：淡剑夜蛾、淡剑袭夜蛾。

形态特征：末龄幼虫体长20～25毫米，圆筒形，体色变化大，棕褐色至绿色。头部褐绿色至棕褐色，有黑色“八”字形纹。背线、亚背线、气门上线、气门线和气门下线清晰，不同体色颜色各不相同，但都具有明显纵向条纹。棕褐色个体亚背线内侧有13个三角形黑斑。

发生规律与习性：低龄幼虫仅食叶肉，留下表皮及叶脉，白色透明，似天窗。高龄幼虫进入暴食期，短短几天就能将草坪草全部吃光。1年发生3～4代，以末龄幼虫在草坪中越冬。

寄主：草地 早熟禾、高羊茅、黑麦草等禾本科杂草。

分布：北京、天津、河北、内蒙古、山西、吉林、辽宁、山东、河南、安徽、江苏、浙江、陕西；日本、朝鲜。

▲ 幼虫背侧面
▼ 幼虫背面

▲ 蛹
▼ 成虫

甜菜夜蛾 *Spodoptera exigua* (Hübner)

别名：贪夜蛾、白菜褐夜蛾、夜盗蛾、菜褐夜蛾。

形态特征：幼虫体长25～30毫米，体色变化很大，由绿色、暗绿色、黄褐色、褐色至黑褐色等。腹部体侧气门线为明显的黄白色纵带，有时呈粉红色，末端只达腹部末端，不延伸至臀足。腹部各体节气门后上方具1个白点，绿色型该特征最明显。胸足和腹足同体色。气门筛灰白色，围气门片黑色。

发生规律与习性：甜菜夜蛾是多食性、暴发性害虫。以幼虫为害叶片，1～2龄常群集在叶背面为害，取食叶肉，留下表皮，呈窗户纸状。3龄以后的幼虫分散为害，可将叶片吃成缺刻或孔洞，严重发生时可将叶肉吃光，仅残留叶柄。3龄以上的幼虫还可钻蛀果穗为害造成烂穗。在长江流域1年发生5～6代，少数年份发生7代，主要以蛹在土壤中越冬。

寄主：寄主植物多达35科的150种，其中十字花科、豆科、茄果类蔬菜受害最重，可蛀果为害。

分布：世界性分布。

▲ 幼虫背侧面（绿色型） ▼ 幼虫侧面

▲ 幼虫背侧面（褐色型） ▼ 成虫

▲ 卵块 ▼ 幼虫为害状

斜纹夜蛾 *Spodoptera litura* (Fabricius)

别名：莲纹夜蛾，俗称夜盗虫、乌头虫。

形态特征：末龄幼虫体长30～40毫米，黑褐或暗褐色。头部黑褐色。体色多变，从土黄色到黑绿色变化，体表散生小白点，每个腹节两侧有1对近似三角形半月黑斑。以第1腹节和第8腹节最大，即便浅色个体其他体节黑斑消失，第1节腹节也清晰可见，第8腹节黑斑有时模糊。

发生规律与习性：幼虫食性杂且食量大，初孵幼虫在叶背为害，取食叶肉，仅留下表皮。3龄幼虫后造成叶片缺刻，甚至全部吃光。1年发生4～5代，以蛹在土下越冬。

寄主：斜纹夜蛾是一种杂食性和暴食性害虫，寄主相当广泛，除十字花科蔬菜外，还包括瓜、茄、豆、葱、韭菜、菠菜及粮食、经济作物等近100科300多种植物。

分布：世界性分布，我国除青海、新疆外，各省份均有发生。

▲ 幼虫
▼ 蛹

▲ 成虫
▼ 卵

庸肖毛翅夜蛾 *Thyas juno* (Dalman)

别名：毛翅夜蛾、肖毛翅夜蛾。

形态特征：末龄幼虫体长75～90毫米，深黄或黄褐色。腹部较长，第8腹节隆起，第9腹节以后显著缩小，扁平。臀足向后方突出，第8腹节背面有1对淡红色角状突。头部茶褐色，冠缝两侧黄褐色，额的中央有赤褐色斑。胸部黄褐至棕褐色有深浅不同且不规则的纵线，形成较乱纹状，第5腹节背面中央有1块明显的黑色眼斑，眼斑外围有两个黄色圈，臀板褐色。胸足淡褐色，腹足侧面有橙黄色带。气门筛橙褐色，围气门片黑色。

发生规律与习性：幼龄幼虫多栖与植物上部，性敏感，一触即吐丝下垂。老龄幼虫多栖于枝干食叶。1年发生2代，以末龄幼虫在土表枯叶中吐丝结茧化蛹越冬。

寄主：桦树、李、木槿、荔枝、枇杷等植物。

分布：北京、河北、山东、黑龙江、安徽、浙江、江西、湖北、四川、贵州；日本、朝鲜、印度。

▲ 幼虫侧面

▼ 幼虫背面

▲ 成虫

陌夜蛾 *Trachea atriplicis* (Linnaeus)

别名：白戟铜翅夜蛾。

形态特征：末龄幼虫体长30～35毫米，体青色至红褐色。头部黄褐色。背中线与亚背线暗褐色。各体节的背面、侧面及腹面均有大小不同的小白点。重要特点是腹部第8节背中线两侧各有1个橙色斑点，气门线粉红色。胸足黄褐色，腹足淡褐色。气门筛白色，围气门片黑褐色。

发生规律与习性：幼虫取食叶片，1年发生1代。

寄主：酸模、蓼等多种植物。

分布：北京、东北、江西；欧洲等。

▲ 幼虫侧面（红褐色型）
▼ 幼虫背面（红褐色型）

▲ 幼虫（青色型）
▼ 成虫

灯蛾科 Arctiidae

红缘灯蛾 *Aloa lactinea* (Cramer)

别名：红袖灯蛾、赤边灯蛾。

形态特征：末龄幼虫体长35～40毫米，体黑色或赭褐色。侧毛簇红褐色，侧面具1列红点。背面、亚背面及气门下线处具1列黑点。气门红色。刚毛红褐色和黑色。

发生规律与习性：幼虫孵化后群集为害，3龄后分散为害。老熟后入浅土或于落叶等被覆物内结茧化蛹。华北1年发生1代，以蛹越冬。

寄主：十字花科蔬菜、瓜类、豆类、茄子、马铃薯、大葱、洋葱等。

分布：东北、华北、华东、华中、华南、内蒙古、陕西；日本、韩国、东南亚、南亚。

▶ 幼虫侧面
▶ 幼虫侧背面
▼ 成虫

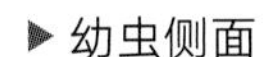

豹灯蛾 *Arctia caja* (Linnaeus)

别名：甘蓝褐灯蛾。

形态特征：末龄幼虫体长45～50毫米，体黑色具黑色和灰色长毛，前面两节及体侧面具红褐色毛。胸足黑色，腹足淡褐色。气门椭圆形，气门筛白色，围气门片黑色。

发生规律与习性：幼虫取食叶片。多数地区1年发生1代。

寄主：甘蓝、花椰菜、萝卜、芜菁、蚕豆、牛蒡、甜菜、桑、菊、醋栗、接骨木、大麻。

分布：北京、河北、辽宁、内蒙古、山西、陕西、宁夏、新疆；日本、朝鲜、印度、美国、欧洲。

▲ 幼虫侧面（1）
▼ 幼虫侧面（2）

▲ 成虫背侧面
▼ 成虫展翅状

白雪灯蛾 *Chionarctia niveus* (Ménétriès)

别名：白灯蛾。

形态特征：末龄幼虫体长35～40毫米，体褐黑色，密被灰黄色长毛。头部黄褐色，具有V形斑。胸足和腹足赭色。气门筛白色，围气门片褐色。

发生规律与习性：幼虫取食叶片。1年发生1代，以幼虫越冬。

寄主：高粱、大豆、小麦、黍、车前、蒲公英。

分布：北京、河北、内蒙古、吉林、辽宁、陕西、河南、山东、浙江、福建、江西、湖北、湖南、广西、四川、贵州、云南；日本、朝鲜。

▲ 低龄幼虫
▼ 高龄幼虫

▲ 成虫侧背面
▼ 成虫侧面

美国白蛾 *Hyphantria cunea* (Drury)

别名：美国白灯蛾、秋幕毛虫、秋幕蛾。

形态特征：末龄幼虫体长25～30毫米，体色变化很大，由浅色至深色。背线、亚背线乳白色。毛瘊上着生稀疏的褐色或黑色刚毛。气门白色，围气门片黑色。腹足外方深褐色，其端部黄色。黑头型幼虫头部黑色，无斑纹，冠缝色淡而明显，大部分个体体背有黑色宽背带。

发生规律与习性：幼虫吐丝结网幕群集为害，可将叶片全部吃光。1年发生3代，以蛹越冬。

寄主：大白菜、多种林木及果树。

分布：辽宁、河北、山东；朝鲜、韩国、美国。

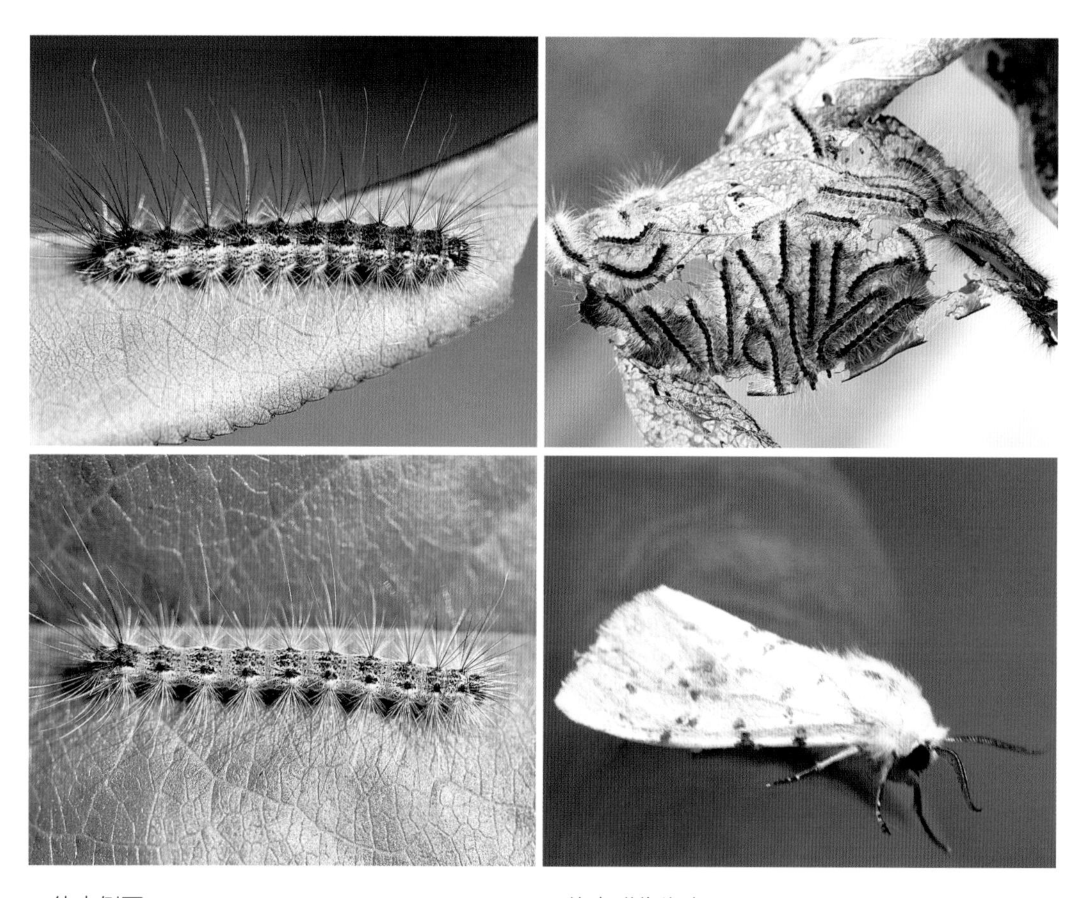

▲ 幼虫侧面
▼ 幼虫背面

▲ 幼虫群集为害
▼ 成虫

奇特望灯蛾 *Lemyra imparilis* (Butler)

别名：奇特污灯蛾。

形态特征：末龄幼虫体长28～35毫米，体紫褐色，直观可见大小和形状不同白斑。中后胸及腹部各体节刚毛白色与黑色混杂，头黑褐色，背线为间断白斑。气门筛白色，围气门片黑色。

发生规律与习性：低龄幼虫群居生活，吐丝结网，群集为害，3龄以后分散为害。严重时，可将叶片吃光，仅留叶柄和部分叶脉，呈现一片枯黄，导致整株树枯死。在昆明地区1年发生1代，在京津地区1年发生2代，以蛹越冬。

寄主：桑、梨、樱桃、苹果等。

分布：北京、辽宁、陕西、浙江、湖北、湖南；日本。

▲ 幼虫
▼ 幼虫群集织网

▲ 雌成虫
▼ 雄成虫

漆黑望灯蛾 ***Lemyra infernalis* (Butler)**

别名：漆黑污灯蛾。

形态特征：末龄幼虫体长25～30毫米，紫褐色。刚毛白色与黑色混杂。头赭褐色，背线黄色，亚背线上各节毛瘤发达，具蓝色闪光。

发生规律与习性：幼虫取食叶片。年发生代数不详。

寄主：桑、核桃楸、梨、樱桃、苹果等。

分布：北京、辽宁、陕西、浙江、湖北、湖南；日本。

◀成虫（1）
◀成虫（2）
▼幼虫群集为害

人纹污灯蛾 *Spilarctia subcarnea* (Walker)

别名：红腹白灯蛾、人字纹灯蛾、人纹雪灯蛾。

形态特征：末龄幼虫体长30～35毫米，体色赭黄色，具长毛，亚背线褐色，毛瘤灰白色，头和胸足黑褐色。

发生规律与习性：初孵幼虫群集叶背取食，3龄后分散为害，受惊后落地假死，卷缩成环。1年发生2～6代，以蛹越冬。

寄主：十字花科植物、豆科、瓜类、马铃薯、牛蒡等。

分布：东北、华北、华中、华南、西南、陕西；日本、朝鲜、菲律宾。

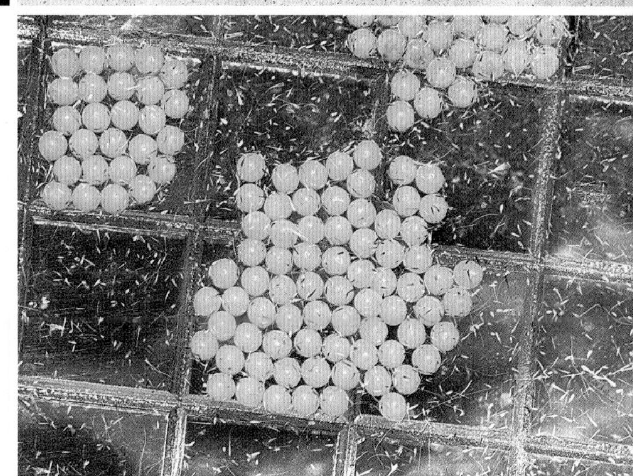

▲ 高龄幼虫
▼ 低龄幼虫

▲ 成虫
▼ 卵

毒蛾科 Lymantridae

丽毒蛾 *Calliteara pudibunda* (Linnaeus)

别名：苹叶纵纹毒蛾、苹毒蛾、茸毒蛾。

形态特征：末龄幼虫体长50～55毫米，体绿黄白色。第1～5腹节间绒黑色，第5～8腹节间微黑色。体腹面灰黑色，体背黄色或黄白色长毛。前胸背面两侧各有1束向前伸的黄白色毛束，第1～4腹节背面各有1束赭黄色毛刷，周围有白毛，第8腹节背面有1束向后斜的紫红色毛束。头黄色，胸足黄色，气门灰白色。

发生规律与习性：幼虫为害嫩叶，老熟幼虫将叶卷起结茧化蛹。1年发生1～2代，以幼虫越冬。

寄主：桦、山毛榉、栎、栗、橡、榛、槭、椴、杨、柳、悬钩子、蔷薇、李、山楂、苹果、梨、樱桃和多种草本植物。

分布：北京、河北、河南、辽宁、吉林、黑龙江、山西、陕西、山东、台湾；朝鲜、日本。

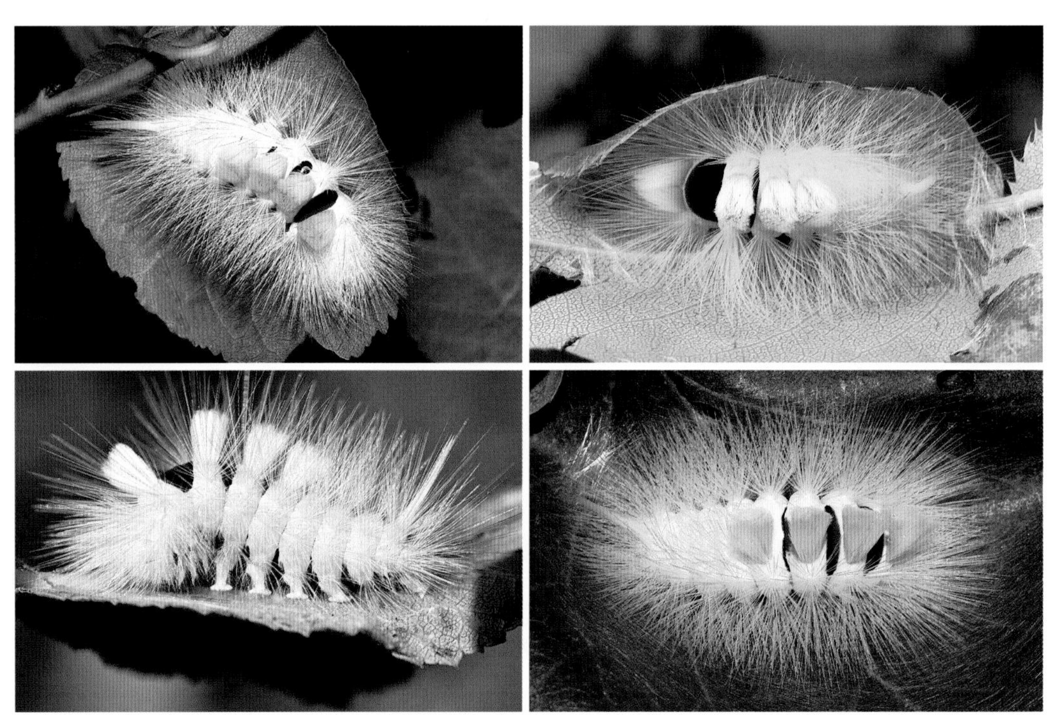

▲幼虫背面（黄白色长毛）
▼幼虫侧面（黄白色长毛）

▲幼虫背面（黄色长毛）
▼幼虫侧面（黄色长毛）

折带黄毒蛾 *Euproctis flava* (Bremer)

别名：柿叶毒蛾、杉皮毒蛾、黄毒蛾。

形态特征：末龄幼虫体长30～40毫米，体黄褐色，头黑褐色。背线较细，橙黄色，在第1～3腹节及第8、10腹节中断，在中、后胸和第9腹节较宽。气门下线橙黄色，瘤暗黄褐色。第1～2腹节和第8腹节背面有黑色大瘤，瘤上生黄褐色或浅黑褐色长毛。胸足褐色，有光泽。腹足浅黑褐色，有浅褐色长毛。

发生规律与习性：幼虫取食叶片，幼虫体毛有毒，可导致皮肤刺痒或红肿。1年发生1～3代，以幼虫群居越冬。

寄主：樱桃、梨、苹果、桃、李、梅、海棠、柿、蔷薇、栎、山毛榉、枇杷、石榴、茶、槭、刺槐、赤杨、紫藤、赤麻、杉、柏、松等。

分布：北京、河北、河南、内蒙古、辽宁、吉林、黑龙江、山东、山西、陕西、江西、江苏、安徽、浙江、福建、湖南、湖北、广东、广西、四川、云南、贵州、甘肃；朝鲜、日本、俄罗斯。

▲ 幼虫侧面
▼ 幼虫背侧面

▲ 幼虫群集为害
▼ 成虫

戟盗毒蛾 *Euproctis pulverea* (Leech)

形态特征：末龄幼虫体长25～40毫米，体褐黄色。第1～2腹节宽。头部黑色，有光泽。前胸背板黄色，上有1块黑斑。体背面有1条黄色带，带在第1～2腹节和第8腹节中断。气门下线红黄色，前胸背面两侧各有1个向前突出的红色瘤，瘤上生黑色长毛束和白褐色短毛，其余各节背瘤黑色，生黑褐色长毛。腹部第1～2节背面各有1对愈合的黑色瘤，第9节瘤橙色，上生黑褐色长毛。

发生规律与习性：幼虫取食叶片。北京4～6月、8～9月灯下可见成虫。

寄主：苹果、刺槐、榆、茶等植物。

分布：北京、河北、山东、江苏、浙江、安徽、福建、台湾、湖北、湖南、广西、四川；日本、朝鲜、俄罗斯。

▲ 幼虫背面　　▲ 幼虫背侧面
▼ 幼虫侧面　　▼ 成虫

榆黄足毒蛾 *Ivela ochropoda* (Eversmann)

别名：黄足毒蛾、榆毒蛾。

形态特征：末龄幼虫体长25～35毫米，头栗色，体浅黄绿色。气门上线苍白色，气门下线米黄色，气门黑色，瘤黑色，其上生黄白色毛簇，基部周围黑色。腹部第1～2节和第8节瘤大，生黑色毛簇，第8～9节背面绯橙色。翻缩腺黑褐色。

发生规律与习性：幼虫取食叶片。北京1年发生2代，以低龄幼虫越冬。

寄主：榆。

分布：北京、河北、河南、山东、山西、陕西、内蒙古、辽宁、吉林、黑龙江；朝鲜、日本、俄罗斯。

▲ 幼虫侧面
▼ 幼虫背侧面

▲ 雌成虫
▼ 雄成虫

舞毒蛾 *Lymantria dispar* (Linnaeus)

别名：松针黄毒蛾、秋千毛虫、杨树毛虫、柿毛虫。

形态特征：末龄幼虫体长70～90毫米，体黑褐色，头部褐黑色，背线与亚背线黄褐色。第1～5腹节褐色，第12腹节背瘤蓝色，第6～11腹节背瘤橘红色，体两侧有红色小瘤。足黄褐色。

发生规律与习性：幼虫食量大，食性杂，主要为害叶片，严重时可将全树叶片吃光。1年发生1代，以卵在树枝叉处越冬。

寄主：栎、柞、槭、椴、鹅耳栎、黄檀、核桃、山毛榉、柳、桦、榆、鼠李、苹果、樱桃、山楂、柿、桑、红松、樟子松、云杉、水稻、麦类、豇豆、豌豆、菜豆、蚕豆。

分布：北京、河北、河南、山东、山西、陕西、内蒙古、辽宁、吉林、黑龙江、湖南、湖北、甘肃、宁夏、青海、新疆；朝鲜、日本、欧洲。

▲ 幼虫背面
▼ 幼虫侧面

▲ 雌成虫
▼ 雄成虫

角斑台毒蛾 *Orgyia recens* (Hübner)

别名：角斑古毒蛾、杨白纹毒蛾、赤纹毒蛾。

形态特征：末龄幼虫体长33～40毫米，体黑灰色。头部黑色，具光泽。背生灰白色（或灰黄色）和黑色毛，亚背线上被白色短毛。亚背线和气门线为间断的红橙黄色带，体侧毛瘤橘黄色，背面和侧面毛丛由黑色长毛和白色毛组成。前胸前缘两侧各有1束向前伸出的黑色长毛束。第1～4腹节背面中央各有1束棕色（褐黄色）毛刷。第8腹节背面中央有1束向后伸的黑色长毛束。翻缩腺在第6～7腹节背面中央，呈灰褐色。

发生规律与习性：幼虫取食叶片、叶芽。1年发生3代，以幼虫在树枝干裂缝和翘皮缝隙及落叶下越冬。

寄主：苹果、梨、桃、杏、山楂、花楸、悬铃木、柳、榆、杨、桦、鹅耳栎、山毛榉、栎、蔷薇、悬钩子、唐棣、榛、泡桐、樱桃、花椒、落叶松。

分布：北京、河北、山西、陕西、内蒙古、辽宁、吉林、黑龙江、江苏、浙江、山东、河南、湖北、湖南、贵州、甘肃、宁夏；朝鲜、日本、欧洲。

▲ 幼虫

▶ 雄成虫

盗毒蛾 *Porthesia similis* (Fuessly)

别名：黄尾毒蛾、桑毒蛾、桑叶毒蛾。

形态特征：末龄幼虫体长25～40毫米，体褐黄色。头部黑色，有光泽。第1腹节和第2腹节宽。前胸背板黄色，上有2条黑色纵线。体背面有1条橙黄色带，带在第1～2和第8腹节中断，带中央贯穿1条红褐色间断的线。亚背线白色，气门下线红黄色。前胸背面两侧各有1个向前突出的红色瘤，瘤上生黑色长毛束和白褐色短毛，其余各节背瘤黑色，生黑褐色长毛和白色羽状毛。腹部第1～2节背面各有1对愈合的黑色瘤，上生白色羽状毛；第9节瘤橙色，上生黑褐色长毛。

发生规律与习性：初孵幼虫群集在叶背面取食叶肉，叶面成块透明斑，3龄后分散为害，使叶片形成大缺刻，仅剩叶脉。自北向南1年发生1～4代。主要以3～4龄幼虫在枯叶、树杈、树干缝隙及落叶中结茧越冬。

寄主：栎、枫杨、柳、桦、泡桐、梧桐、山楂、苹果、桑、槐、桃、梅、杏、油茶等。

分布：各省份均有分布；日本、朝鲜半岛、西伯利亚、欧洲。

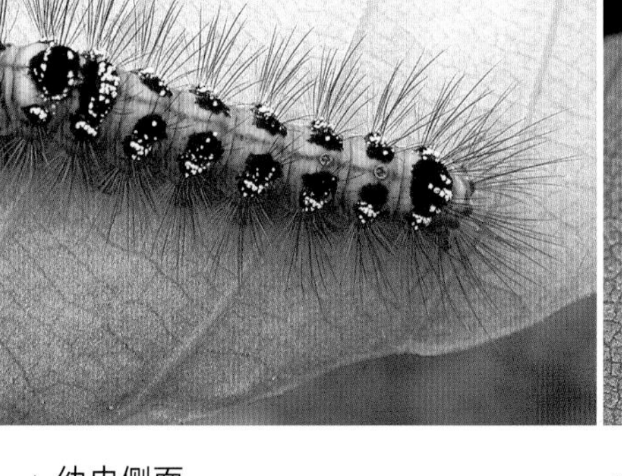

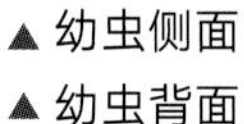

▲ 幼虫侧面
▲ 幼虫背面

▲ 成虫

杨雪毒蛾 ***Stilpnotia candida* (Staudinger)**

别名：柳毒蛾。

形态特征：末龄幼虫体长40～50毫米，头棕色。体棕黑色或黑棕色，亚背线橙棕色，其上密布刻点。有2个黑斑，刚毛棕色。第1～2、6～7腹节上有黑色横带，将亚背线隔断。气门上线与气门下线黄棕色有黑斑。腹面暗棕色。背部毛瘤蓝黑色上生棕色刚毛。胸足棕色，腹足棕色、趾钩黑色。翻缩腺浅红棕色。

发生规律与习性：低龄幼虫只啃食叶肉，留下表皮，长大后咬食叶片成缺刻或孔洞。北京1年发生2代，以幼龄幼虫越冬。

寄主：杨、柳。

分布：北京、河北、河南、山东、山西、陕西、江西、辽宁、吉林、黑龙江、湖北、湖南、四川、云南、青海、甘肃；朝鲜、日本、俄罗斯。

▲ 成虫

▲ 幼虫背面

▼ 幼虫侧面

凤蛾科 Epicopeiidae

榆凤蛾 *Epicopeia mencia* Moore

别名：燕凤蛾、榆长尾蛾、榆燕尾蛾、燕尾蛾。

形态特征：末龄幼虫体长45～55毫米，全身密被很厚的白色蜡粉，遮住本身黄绿色的体色，只有刚刚蜕皮的个体可以见到身体的本色，此时可见背线黄色，胸部背面中央有1个“人”字形黑斑。各体节有不同深浅的不规则的小黑色斑，气门黄色、围气门片黑色。臀板黑色。

发生规律与习性：初孵幼虫仅啃食叶肉，大龄后蚕食叶片。幼虫常常群集在同一枝梢，夜间取食为害，白天静止。北京1年发生1代。以蛹在树下周围表土层越冬。

寄主：榆。

分布：北京、山东、山西、辽宁、吉林、黑龙江、河南、江苏、浙江、江西、贵州、湖北、台湾；日本、朝鲜、俄罗斯。

▲ 幼虫侧面
▼ 幼虫背面

▲ 刚蜕皮的幼虫
▼ 幼虫群集为害

尺蛾科 Geometridae

丝绵木金星尺蛾 *Abraxas suspecta* Warren

形态特征：末龄幼虫体长28 ～ 33毫米，体黑色，刚毛黄褐色。头部冠缝及旁额缝淡黄色。前胸黄色，有5个近方形的黑斑，背线、亚背线、气门上线、亚腹线黄色，较宽，臀板黑色，胸部及腹部第6节后各节上有黄色横条纹。胸足黑色，基部有黄色环。腹足黑色。

发生规律与习性：低龄幼虫取食嫩叶叶肉，残留上表皮，或咬成小孔，有时亦取食嫩芽；高龄幼虫取食整个叶片仅留叶柄。北京1年发生2代，以蛹越冬。

寄主：丝绵木、卫矛、榆等植物。

分布：华北、华中、华东、西北；日本、朝鲜。

▼ 成虫
▶ 幼虫侧面
▶ 幼虫背面

春尺蛾 *Apocheima cinerarius* (Erschoff)

别名：杨尺蛾、柳尺蛾、梨尺蠖。

形态特征：末龄幼虫体长25～35毫米，体色多变，灰褐色至褐绿色。头部黄褐色，头顶两侧略向上突起。前胸黄褐色，密被棕褐色小斑点。腹部第2节两侧各有1个瘤状突起，气门近圆形，褐色，气门筛黑色。胸足褐色。

发生规律与习性：初孵幼虫取食幼芽及花蕾，较大龄幼虫取食叶片。被害叶片轻者残缺不全，重者整枝叶片全部食光。1年发生1代，以蛹在土中越夏、越冬。

寄主：杨、柳、榆、槐、苹果、梨、沙枣等。

分布：北京、河北、河南、山西、内蒙古、黑龙江、陕西、宁夏、青海、甘肃、新疆、四川；朝鲜、俄罗斯、中亚。

▲ 黑褐色幼虫
▼ 灰绿色幼虫

▲ 雄成虫
▼ 雌成虫

桑褶翅尺蛾 ***Apochima excavata* (Dyar)**

别名：桑刺尺蛾、核桃尺蛾、桑造桥虫、剥芽虫。

形态特征：末龄幼虫体长30～35毫米，体黄绿色。头褐色，腹部第1～4节背面有赭黄色刺，第2～4节显著比较长，第8节背面有褐绿色刺1个。各体节节间膜黄色，腹部第4～8节亚背线绿白色，气门白色，围气门片黑色，腹部第2～5节侧面气门下方各有淡黄色刺1个。

发生规律与习性：幼虫取食叶片，停栖时常头部向腹面卷缩于第5腹节下，以腹足和臀足抱握枝条。1年发生1代，以蛹在树干基部越冬。

寄主：桑、杨、林檎等。

分布：北京、河北；日本、朝鲜。

▲低龄幼虫

▶高龄幼虫

大造桥虫 *Ascotis selenaria* (Schifermuller et Denis)

形态特征：末龄幼虫体长35～45毫米。幼龄期灰褐色，逐渐变为白绿色至黄绿色。胴体有暗色点状纹。腹部第2节背面中央有1对深黄褐色毛瘤。

发生规律与习性：幼虫取食叶片，严重时造成光秃现象。幼虫静止时，常用腹足和臀足抓住树枝，使虫体向前斜伸，颇像一枯枝，受惊时即吐丝下垂。华北1年发生3～4代，以蛹在土中越冬。

寄主：甘蓝、花椰菜、白菜、菜豆、豇豆、菜豆、辣椒、甜椒、茄子、胡萝卜、芦笋。

分布：北京、吉林、安徽、江苏、浙江、广西、四川、贵州；东南亚、非洲。

▶ 蛹

▲ 低龄幼虫
▼ 高龄幼虫

▲ 幼虫头胸部
▼ 成虫

木橑尺蛾 ***Biston panterinaria* (Bremer et Grey)**

别名：黄连木尺蛾、木橑步曲、木檫尺蛾、核桃尺蠖、洋槐尺蠖、木榇步曲、吊死鬼、小大头虫。

形态特征：末龄幼虫体长65～85毫米，体色变化较大，有绿色、褐绿色。头部红褐色，两颊突起成峰状，上附有灰黑色小颗粒。体表面粗糙从中胸至腹末各体节有4个灰白色小点，腹面色较深胸足棕褐色，腹足同体色。

发生规律与习性：幼虫取食叶片，孵化后迅速分散，很活泼，爬行快，稍受惊动，即吐丝下垂，借风力转移危害。1年发生1代，以蛹在石块或石缝下越冬。

寄主：甘蓝、萝卜、大豆、蓟菜、萱草、桔梗。

分布：华北、内蒙古、陕西、浙江、台湾、广西、四川、云南；日本、朝鲜。

▲ 幼虫　　▲ 幼虫头部背面

▼ 幼虫头部正面　　▼ 成虫

槐尺蛾 *Chiasmia cinerearia* (Bremer et Grey)

别名：国槐尺蠖、吊死鬼。

形态特征：末龄幼虫体长38～42毫米，体粉绿色，头部浓绿色。气门线黄色，气门线以上密布黑色小点，气门线以下至腹面深绿色，气门黑色，围气门片灰褐色，胸足及腹足端部黑色。近化蛹时体色变为紫粉色，气门线枯黄色，头黑色，体粉绿色稍带蓝色，两端黄绿色，背线黑色，在节间断为黑点，每节中央呈黑色“十”字形，亚背线与气门上线为间断黑色纵条，胸部和腹末两节散布黑点。

发生规律与习性：幼虫常将叶片食尽。1年发生3代，以蛹在土中越冬。

寄主：国槐。

分布：北京、河北、山东、江苏、浙江、江西、甘肃、西藏、台湾；日本。

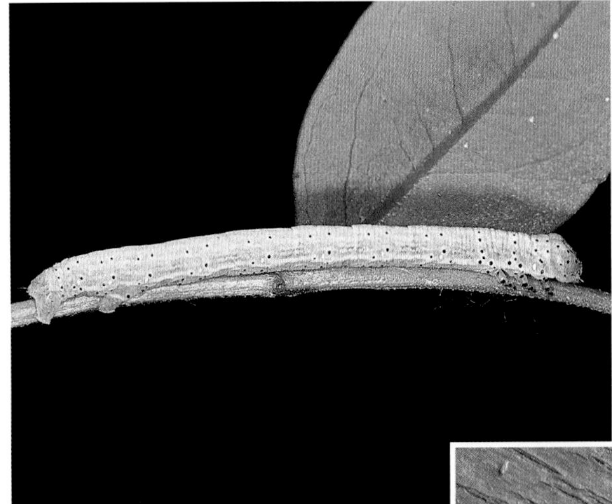

▲ 幼虫

▶ 成虫

酸枣尺蛾 *Chihuo sunzao* Yang

别名：酸枣尺蠖。

形态特征：末龄幼虫体长35～40毫米，体淡灰色至黄绿色。头部黄白色，着生很多不规则黑斑。亚背线红色，气门线为黄白色宽带，气门上线和气门下线为较宽的黑色线。背面两条亚背线间有15条纵线，其中奇数线为黑色至黑褐色，偶数线为黄白色至蓝白色。气门近圆形，黑色。胸足和腹足橘黄色有深色斑点。

发生规律与习性：幼虫取食叶片。1年发生1代，以蛹在5～10厘米表土中越冬。

寄主：枣、酸枣、苹果、栗。

分布：北京、河北、山西；国外分布不详。

◀ 幼虫侧腹面

◀ 幼虫侧面

▲ 幼虫背面

刺槐外斑尺蛾 *Ectropis excellens* (Butler)

别名：外斑埃尺蛾、大鸢茶枝尺蛾。

形态特征：末龄幼虫体长30～35毫米，体灰褐色至茶褐色。体背中线深褐色，胴体有不同形状的深褐色至黑色斑块，其中腹部第2～4节背部颜色很深，呈深褐色斑纹。中胸至腹部第8节两侧各有1条断续的深褐色双线带。

发生规律与习性：幼虫取食叶片。华北至河南1年发生3～4代，东北1年发生2代，以蛹在土中越冬。

寄主：苹果、梨、栗、栎、大豆、绿豆、苜蓿、花生、棉花、刺槐、榆、杨、柳等。

分布：北京、辽宁、吉林、黑龙江、河南、广东、四川、台湾；日本、朝鲜、俄罗斯。

▶ 幼虫
▶ 成虫

核桃星尺蛾 *Ophthalmodes albosignaria* (Bremer et grey)

别名：核桃四星尺蛾。

形态特征：末龄幼虫体长55～65毫米。头赭褐色，体褐绿色，无显著花纹，胸部褐色，较小，腹部第1节特别膨大。腹部第4节背面有1对齿状突。气门黑色，圆形，胸足赭褐色，腹足灰褐色。

发生规律与习性：幼虫取食叶片，1年发生2代，以蛹在寄主附近的石缝中、砖及石块下或枯叶层下越冬。

寄主：核桃、木僚等。

分布：北京、河北、河南、山东、山西、云南；日本、俄罗斯。

▲ 幼虫侧背面
▶ 幼虫侧面
▶ 成虫

柿星尺蛾 *Parapercnia giraffata* (Guenée)

别名：大斑尺蠖、柿叶尺蠖、柿豹尺蠖、柿大头虫。

形态特征：末龄幼虫体长50 ～ 55毫米。头棕褐色。前胸小，自中胸开始膨大，后胸及腹部第1节特别膨大，黄褐色。背面有黑色纵条，两侧各有眼斑1对，很像蛇头。腹部背线至气门上线灰黑色，腹面黑褐色，各体节有不规则的黑纹。

发生规律与习性：以幼虫为害柿树的叶片，发生较严重时，将整个叶片食光，造成果树减产。1年发生2代，以蛹在石缝及潮湿的枯叶、碎渣层中越冬。

寄主：黑枣、柿、木橑、核桃等果树，还可为害林木和油料作物等。

分布：河北、河南、陕西、山西、安徽、江西、浙江、福建、台湾、广东、广西、湖南、四川、贵州、云南；东南亚、印度。

▲ 幼虫头、胸部
▶ 成虫
▶ 幼虫侧面

桑尺蛾 *Phthonandria atrilineata* (Butler)

别名：桑树丁子、桑搭。

形态特征：初孵幼虫体淡绿色，逐渐变褐色，与桑枝相似，是很好的保护色。末龄幼虫体长45～50毫米，体灰绿至灰褐色。头较小，灰褐色，冠缝两侧有不规则黑斑。背线、亚背线气门线及腹线褐色，各线间有黑色波状纹。胸部各节间有较宽的黑色横带。腹部第1节背面有1对月牙形黑斑，第5节背面隆起成峰，第8节背面有1对黑色乳突。全体毛片稍突起，呈黑色颗粒状。气门灰黄色，围气门片黑色。

发生规律与习性：幼虫取食叶片。1年发生1代，以末龄幼虫入土吐丝缀连土粒作室化蛹越冬。

寄主：桑树。

分布：北京、四川；日本、朝鲜。

▲幼虫（1）
▶幼虫（2）
▶成虫

枯叶蛾科 Lasiocampidae

油松毛虫 *Dendrolimus tabulaeformis* Tsai et Liu

形态特征：末龄幼虫体长54 ～ 70毫米，灰黄色，体侧有长毛，花斑比较明显。头部黄褐色，额区与旁额区暗褐，额区中央有1块深褐斑。胸部背面毒毛明显。腹部背面无贴体的纺锤状倒伏鳞毛。各节前亚背毛簇中有窄而扁平的片状毛，呈纺锤形，末端极少有齿状突起，毛簇基部有一些短刚毛。每侧由头至尾有1条纵线，但中间有一些间断，各节纵带上白斑不明显，每节前方由纵带向下有1块斜斑伸向腹面。

发生规律与习性：幼虫取食松针，将针叶边缘咬成缺刻状，造成枯萎卷缩。一头幼虫约取食400 ～ 500根松针。1年发生1 ～ 2代，以幼虫越冬。

寄主：油松、赤松、马尾松、樟子松、华山松、白皮松。

分布：为中国本地种，主要分布于北京、河北、山西、山东、辽宁、河南、四川、陕西、甘肃。

▲ 幼虫背面
▼ 幼虫侧面

▲ 雌成虫
▼ 雄成虫

李枯叶蛾 *Gastropacha quercifolia* Linnaeus

别名：苹叶大枯叶蛾、贴皮虫、北李褐枯叶蛾。

形态特征：末龄幼虫体长70～80毫米，体扁平，暗灰色，全身被有纤细长毛。胸、腹部各节背面有红褐色斑1～2个。第2～3腹节背面有明显的蓝褐色毛丛，第10腹节背面有角状突起1个。

发生规律与习性：幼虫食嫩芽和叶片，食叶造成缺刻和孔洞，严重时将叶片吃光仅残留叶柄。1年发生1代，以幼虫紧贴树皮枝条越冬。

寄主：苹果、沙果、桃、李、梨、核桃、梅、杨、柳。

分布：北京、河北、河南、山东、山西、辽宁、吉林、黑龙江、内蒙古、湖北、云南、甘肃、宁夏、青海、新疆；俄罗斯、朝鲜、日本。

▲幼虫（1）
▶幼虫（2）
▶成虫

黄褐天幕毛虫 *Malacosoma neustria testacea* Motschulsky

别名：黄褐幕枯叶蛾、天幕毛虫、天幕枯叶蛾、春黏虫、顶针虫。

形态特征：末龄幼虫体长55毫米，体侧有鲜艳的蓝灰色、黄色和黑色带。头部蓝灰色，有深色斑点。背中线白色，两侧为橙黄色带。气门黑色。体背各节有黑色长毛，侧面有淡褐色长毛，腹面毛短。

发生规律与习性：幼虫吐丝结网为害。1～4龄幼虫白天群集在网幕中，晚上出来取食叶片。内蒙古大兴安岭林区1年发生1代，以卵越冬。

寄主：苹果、海棠、山楂、桃、梨、杏、李、杨、柳、榆、栎、核桃、黄菠萝等。

分布：北京、河北、河南、山西、山东、陕西、内蒙古、辽宁、吉林、黑龙江、江苏、浙江、安徽、江西、湖南、湖北、四川、甘肃、青海、台湾；日本、朝鲜、俄罗斯。

▲ 幼虫
▼ 幼虫群集

▲ 成虫
▼ 卵

绵山天幕毛虫 *Malacosoma rectifascia* Lajonquère

别名：桦树天幕毛虫。

形态特征：幼虫共6龄。初孵幼虫棕褐色，2龄后体色逐渐加深。末龄幼虫体长35～45毫米，体黑色。两侧气门上线呈鲜明的黄色。体背各节具棕黄色长毛。

发生规律与习性：幼虫喜欢聚集一团，以叶片为食，叶片受害呈星网状，虫体成堆将树枝压弯，一树吃光后再迁移它树。成虫多在夜间将卵产在树冠中下部当年生小枝上，呈环状排列。在河北、山西等地1年发生1代，以卵越冬。

寄主：桦树、沙棘、黄刺梅、辽东栎、山杨等。

分布：北京、河北、内蒙古、山西；国外分布不详。

▲ 幼虫
▼ 幼虫群集为害

▲ 成虫
▼ 卵

东北栎枯叶蛾 *Paralebeda femorata* (Ménétriès)

别名：落叶枯叶蛾、东北栎毛虫。

形态特征：末龄幼虫体长110～125毫米，头部黄褐色，体灰褐色，较扁宽。中、后胸背面有黄褐色毒毛带。腹部第3～6节各有1个“凹”字形白斑，第8节背面有棕褐色刷状毛丛。

发生规律与习性：幼虫取食叶片。在辽宁1年发生1代，以卵越冬。

寄主：栎、水杉、银杏、楠木、柏、马尾松、落叶松、榛、柳杉、连翘、丁香、杨、椴树、梨、映山红等。

分布：北京、辽宁、黑龙江、浙江、江西、山东、河南、湖北、湖南、广西、四川、贵州、云南、陕西、甘肃；俄罗斯、朝鲜、蒙古国。

▲ 幼虫
▼ 成虫

箩纹蛾科 Brahmaeidae

黄褐箩纹蛾 *Brahmaea certhia* (Fabricius)

别名：水蜡蛾。

形态特征：末龄幼虫体长80～90毫米，体黑色，有粉褐色斑。头部黑色，蜕裂线白色，两侧各有1块粉褐色大斑。前胸褐色，背线与亚背线白色，气门上方有粉褐色斑1块，气门下方与前足之间有2块斑，中胸后缘与后胸前缘结合处伸展后两侧各有1个眼型大斑，其外缘红色，中间是1块黑色圆形斑。中胸和后胸背中线两侧各有1个突起。腹部背中线黑色，每节两侧各有1个黑色突起，突起周边有粉褐色斑块中夹杂黑色斑点，腹部腹面褐色，胸足、腹足、臀足黑色，气门筛黑色，围气门片黑白色。幼龄幼虫前胸和中胸背面两侧各有1对很长的端部弯曲成环状的黑色枝刺，腹部第8节的背中央有1根比前胸和后胸短的黑色枝刺，腹部第2节至第7节背中线两侧各有1对向前弯曲的短钩刺，臀板上面亦有2根黑色短枝刺。

发生规律与习性：幼虫为害叶片，1年发生1代。

寄主：丁香、女贞、桂花、水蜡。

分布：北京、河北、内蒙古、山西、黑龙江、浙江、湖北、湖南；朝鲜。

▲ 低龄幼虫
▼ 高龄幼虫背侧面

▲ 成虫
▼ 高龄幼虫侧面

蚕蛾科 Bombycidae

野蚕蛾 *Bombyx mandarina* (Moore)

别名：野蚕、桑蚕、桑狗、桑野蚕。

形态特征：末龄幼虫体长35～45毫米，身体黄褐色。前胸较小，中、后胸显著膨大，中胸背面背中线两侧有斜黑纹和黑色圆形眼斑，眼斑偏外缘有1条弧形细白纹。后胸背面褐色，两侧有月牙形黑斑。腹部各节有不规则黑色波状纵纹，第2、5、8节背面具暗褐色圆斑，外围有黑环；第8节着生向后伸的黄褐色尾角。

发生规律与习性：幼虫取食桑叶，1年发生2代，以卵在桑树枝条末端处越冬。

寄主：桑。

分布：北京、河北、山东、陕西、山西、河南、湖北、四川、湖南、江西、浙江、台湾；日本、朝鲜。

▲ 幼虫

▲ 幼虫头、胸部
▼ 成虫

桑螨 *Rondotia menciana* Moore

别名：桑蚕、白蚕、白螨、松花蚕。

形态特征：末龄幼虫体长23～26毫米，体白色。各体节有褶皱，褶皱上有多个黑色斑点，老熟后黑斑消失。尾角黑褐色，气门筛白色，围气门片黑色。胸足和腹足黄白色。

发生规律与习性：以幼虫在叶背食害叶肉，蛀食成大小不一的孔洞，严重的只剩叶脉。1年发生3代，以卵在枝干上越冬。

寄主：桑、构、楮等桑科植物。

分布：北京、河北、陕西、山西、甘肃、湖南、湖北、江西、四川、黑龙江、吉林、辽宁；国外分布不详。

▲ 幼虫
▼ 幼虫与茧

▲ 茧
▼ 成虫

天蚕蛾科 Saturniidae

绿尾大蚕蛾 *Actias ningpoana* (C.Feder et R.Felder)

别名：长尾月蛾、月神蛾、水青蛾、燕尾蛾、长尾蛾。

形态特征：1～2龄幼虫体褐色，3龄橘红色，4～6龄嫩绿色。末龄幼虫体长70～80毫米，体黄绿色。气门下线白色，上缘具断续的褐色边。臀板中央有紫褐色斑，中、后胸及第8腹节背部着生毛瘤的突起明显大于其他各节，各节背面及气门下面毛瘤白蓝色，其上着生黑色刚毛，其他部位刚毛黄白色。

发生规律与习性：幼虫食叶成缺刻或孔洞，稍大可把叶片吃光，仅残留叶柄或粗脉。1年发生2代，以茧附在树枝或地被物下越冬。

寄主：辣木、柿子树、板栗、栎树、槲树。

分布：北京、河北、河南及长江以南地区；印度。

▲ 幼虫侧面（1）
▼ 幼虫侧面（2）

▲ 低龄幼虫
▼ 成虫

樗蚕蛾 *Samia cynthia* (Drurvy)

别名：乌桕樗蚕蛾、角斑樗蚕蛾。

形态特征：末龄幼虫体长55～60毫米，体粗大，青绿色，被有白粉。头部、前胸、中胸和尾端较细。各体节亚背线、气门上线、气门下线部位各有1个显著的枝刺，亚背线上的比其他两排显著大，在亚背线与气门上线间、气门后方、气门下线、胸足及腹足的基部有黑色斑点。气门筛淡黄色，围气门片黑色。

发生规律与习性：幼虫食叶和嫩芽，轻者食叶成缺刻或孔洞，严重时把叶片吃光。1年发生1～2代，在寄主枯枝叶间结茧化蛹越冬。

寄主：臭椿、乌桕、冬青、含笑、梧桐、樟树。

分布：北京、河北、山东、江苏、浙江、江西及东北、华南地区；朝鲜、日本。

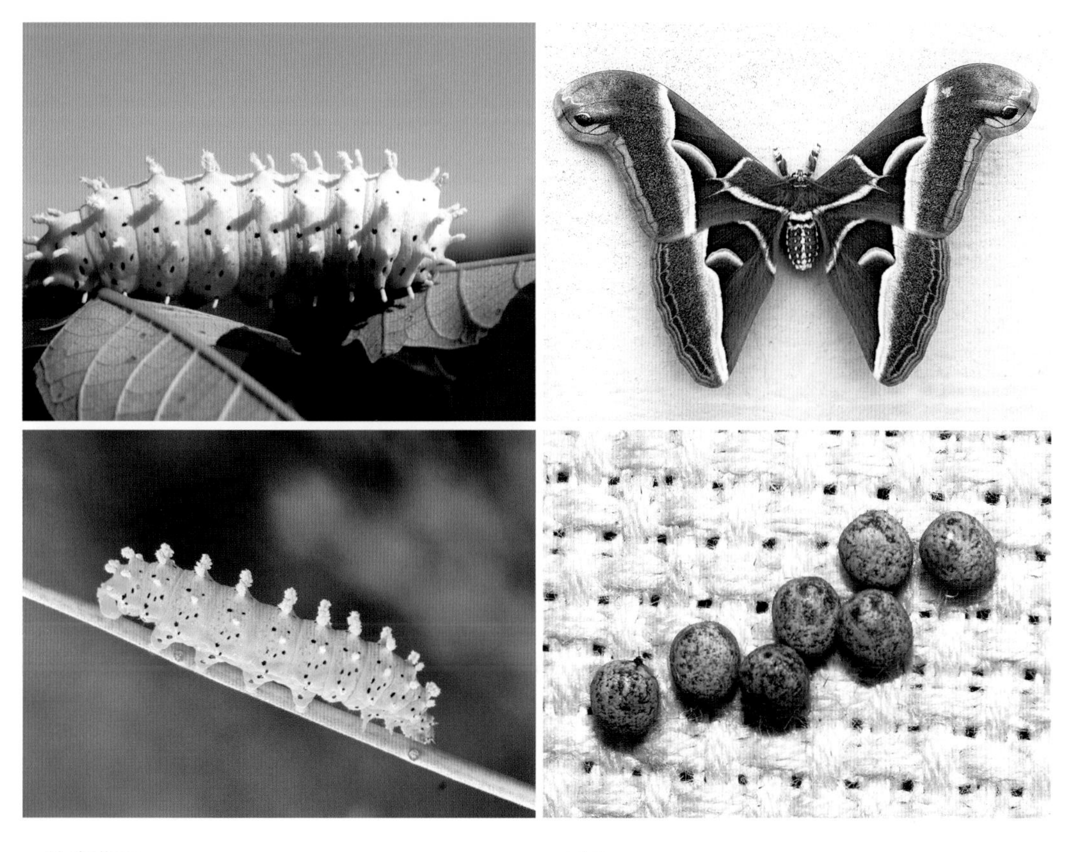

▲ 幼虫背面
▼ 幼虫侧面

▲ 成虫
▼ 卵

天蛾科 Sphingidae

白薯天蛾 *Agrius convolvuli* (Linnaeus)

别名：红薯天蛾、旋花天蛾。

形态特征：末龄幼虫体长85～90毫米。体色有绿色型、褐色型、黑色型。绿色型胴体绿色，头部绿色，在黑色额冠缝两侧各有2条竖直的黑褐色斑，腹部各节均有1条从气门前下方通往背部的向后斜线，各节气门橙黄色；黑色型基本纹路与绿色型相近，但亚背线为橙色，气门为黑色；褐色型各节亚背线前缘有1块小黑斑，气门黑色。

发生规律与习性：初孵幼虫潜入未展开的嫩叶内啃害，受害叶留下表皮，严重的无法展开即枯死，也有的食成缺刻或孔洞。1年发生1～2代，以蛹在土室中越冬。

寄主：蕹菜、甘薯、芋、菜豆、扁豆、白菜、番杏。

分布：全国各省份均有分布；日本、朝鲜半岛、印度。

◀ 蛹

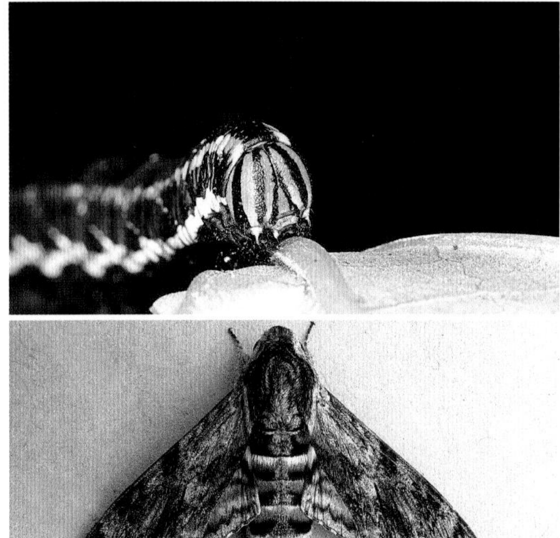

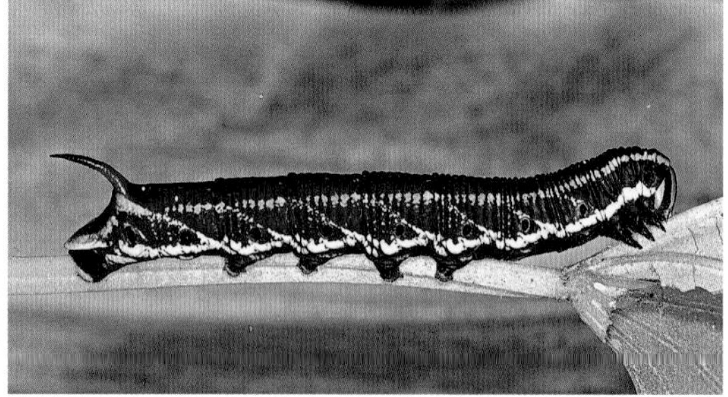

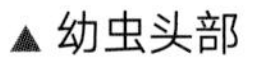

▲ 幼虫头部
▼ 成虫

▲ 褐色型幼虫
▼ 黑色型幼虫

葡萄天蛾 *Ampelophaga rubiginosa* Bremer et Grey

形态特征：末龄幼虫体长70～75毫米，体褐色或绿色。头部、胸部、腹部也和体色一样有褐色和绿色之分。腹部两种体色背线两侧均有"八"字形纹。腹部第1～8节气门与亚背线之间各有1条斜纹，斜纹上方颜色深，下方颜色浅。气门筛白色，围气门片红褐色。

发生规律与习性：幼虫白天静伏，静伏时头胸收缩稍扬起，受触动时头左右摆动，晚上活动取食，蚕食叶片呈不规则状，严重时仅残留叶柄。北京1年发生1代，以蛹在3～7厘米表土中越冬。

寄主：葡萄、野葡萄、乌梅敛。

分布：北京、河北、河南、山东、山西、黑龙江、吉林、辽宁、江苏、浙江、江西、安徽、湖北、四川、陕西、宁夏；朝鲜、日本。

▼ 成虫
▶ 褐色型幼虫
▶ 绿色型幼虫

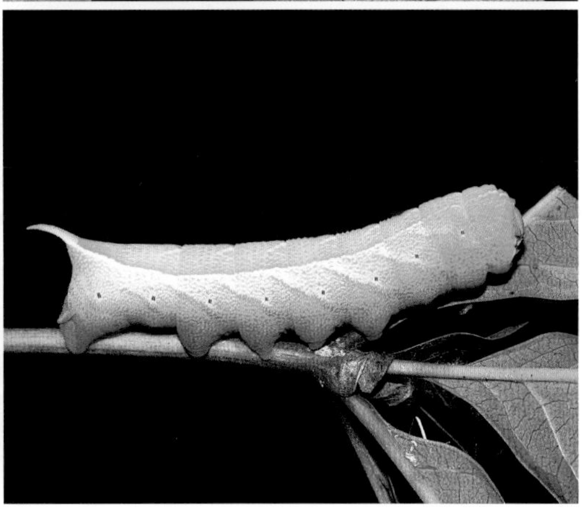

榆绿天蛾 ***Callambulyx tatarinovi* (Bremer et Grey)**

寄主：榆、柳。

形态特征：末龄幼虫体长60～70毫米，头纵长近三角形，体色有绿色型和赤斑型。绿色型体色鲜绿，胸部小环节明显，各腹节有7条横褶皱，腹部有7条有大小颗粒排列的斜线，第1、3、5、7节上的更为显著；尾角直立，紫绿色有白色颗粒；气门黄褐色，胸足黄绿色，端部棕褐色，腹足下缘有淡黄色横带。赤斑型身体黄绿色，颗粒白色，显现橘红色，气门黄色、胸足基部黄色，端部棕色，腹足下缘有棕褐色横带。赤斑型，体赤褐色，其他特征同绿色型。

发生规律与习性：幼虫取食叶片。1年发生2代，以蛹在土中越冬。

分布：北京、河北、河南、山东、山西、内蒙古、新疆、上海、浙江、福建、湖北、湖南、四川、西藏、陕西、甘肃、宁夏、黑龙江、吉林、辽宁；朝鲜、日本、俄罗斯、蒙古国。

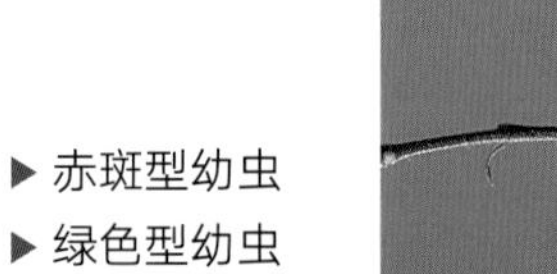

▶ 赤斑型幼虫
▶ 绿色型幼虫
▼ 成虫

豆天蛾 *Clanis bilineata tsingtauica* Mell

别名：大豆天蛾。

形态特征：末龄幼虫体长80～90毫米，体色淡绿。头深绿色，口器部分橙褐色。前胸节有黄色颗粒状突起，中胸节有4个皱褶。第1～8腹节两侧有黄色斜纹，背部有小皱褶及白色刺状颗粒，尾角黄绿色向后下方弯曲。气门筛淡黄色，围气门片黄褐色，胸足橙褐色，腹足与体色相同，腹面色稍淡。

发生规律与习性：幼虫取食大豆叶，低龄幼虫吃成网孔和缺刻，高龄幼虫食量增大，严重时，可将豆株吃成光杆，使之不能结荚。1年发生1～2代，以末龄幼虫在土中9～12厘米深处作土室越冬。

寄主：豇豆、大豆等豆科植物。

分布：我国除西藏外广泛分布；朝鲜、日本、印度。

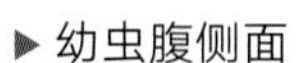

▶ 幼虫腹侧面
▶ 幼虫侧面
▼ 成虫

绒星天蛾 *Dolbina tancrei* Standinger

别名：星绒天蛾。

形态特征：末龄幼虫体长60～70毫米，体绿色。头部深绿色，近三角形，近侧缘有黄白色倒V形纵带。胸部翠绿色，各节背面有2排白色微刺，胸足黄褐色，外侧有红边黑斑。腹部第1～7节自气门前侧下方至次节背面各有1条有白色突起组成的斜线，第7节的斜线延伸至棕褐色尾角上，各体节表面均具疏密不等的白色小突起。腹足同体色。气门椭圆形，中间白色，两侧黑色。

发生规律与习性：幼虫老熟后从植株上爬下，入土化蛹。1年发生2代，以蛹在土中越冬。

寄主：水蜡、女贞、榛等。

分布：北京、河北、黑龙江；朝鲜、日本、印度。

▲幼虫背面 ▲幼虫尾部 ▲幼虫取食

▼幼虫侧面 ▼幼虫头胸部腹面 ▼成虫

深色白眉天蛾 *Hyles gallii* (Rottemburg)

形态特征：末龄幼虫体长75～80毫米，体色变化较大，有绿色型和棕褐色型。两种色型头部、前胸、臀板均为赭红色，各体节亚背线上的斑白色至粉白色，近圆形，仅尾角基部两侧的斑长三角型。体表的各节的白点绿色型密集分布，棕褐色型只在侧面分布，腹面为褐红色；绿色型腹面为浅绿色。

发生规律与习性：幼虫取食叶片。1年发生1代，以蛹越冬。

寄主：凤仙、茜草、柳叶菜、大戟等。

分布：北京、河北、陕西、甘肃、云南；日本、俄罗斯、尼泊尔、中亚、欧洲、北美。

▲ 幼虫侧面
▼ 幼虫背面

▲ 幼虫腹侧面
▼ 成虫

小豆长喙天蛾 *Macroglossum stellatarum* Linnaeus

别名：小豆日天蛾、草天蛾、尾天蛾、蓬雀天蛾、蜂鸟鹰蛾。

形态特征：末龄幼虫体长55～60毫米，体色大多浅绿色，也有棕褐色个体，体表布满白色小颗粒。头小，前胸至后胸逐渐增粗直至与腹部等粗。背中线暗绿色，不明显，亚背线白色，直达黑色尾角基部上方，尾角端部黄色。气门下线淡黄色，臀板末端具淡黄色边缘。气门筛淡褐色至黑色，围气门片色稍淡。胸足赤褐色，腹足基节黑色，跗节黄色，趾钩赤褐色。

发生规律与习性：幼虫取食叶片。在辽宁西部，1年发生1代，以蛹在枯枝表土下结茧越冬。

寄主：小豆、蓬子菜及茜草科植物。

分布：北京、河北、江苏、辽宁、山西、山东、广东等地；日本、印度、欧洲、非洲。

▲ 浅绿色型幼虫
▼ 褐色型幼虫

▲ 成虫访花
▼ 成虫背面

枣桃六点天蛾 *Marumba gaschkewitschi* (Bremer et Grey)

别名：桃六点天蛾。

形态特征：末龄幼虫体长75～83毫米，头纵长，呈三角形，体色有绿色型和黄色型。绿色型全体绿色，体表布满白色颗粒，体侧有7条淡黄色斜线；胸足橙褐色、基部黄色腹足及臀足末端有紫红斑；尾角绿色，上有白色微刺。黄色型身体鲜亮黄色，体色斜线橙黄至橘红色，胸足、腹足末端红褐色，尾角黄绿色，胴体颗粒与绿色型相同。

发生规律与习性：幼虫取食叶片，食叶常仅残留粗脉和叶柄。在我国自北向南1年发生1～3代，以蛹在土中越冬。

寄主：苹果、海棠、梨、枣、桃、李、杏、樱桃、葡萄、枇杷等。

分布：北京、河北、山西、陕西、山东、内蒙古、河南、江苏、湖北；俄罗斯、蒙古国。

▲ 绿色型幼虫
▼ 黄色型幼虫

▲ 幼虫头、胸腹面
▼ 成虫

栗六点天蛾 *Marumba sperchius* (Ménétriès)

寄主：栎、栗、核桃。

形态特征：末龄幼虫体长80～90毫米，体深绿色，体背布满白色颗粒状突起，侧面的气门上下和腹部有黑色小点。头部绿色，两侧具白色细线。腹部各节从气门前下方至后侧方有1条由白色小颗粒突起组成的斜线，第7节尤其明显并延伸至尾角。气门长椭圆形，气门筛白色，围气门片黑褐色。

发生规律与习性：幼虫取食叶片。1年发生2代，以蛹在浅土层中结茧越冬。

分布：北京、河北、黑龙江、吉林、辽宁、湖南、海南、台湾及华南地区；日本、朝鲜、印度。

▲ 幼虫
▼ 幼虫头、胸部腹面

▲ 幼虫头、胸部侧面
▼ 成虫

盾天蛾 *Phyllosphingia dissimilis* (Bremer)

别名：紫光盾天蛾。

形态特征：末龄幼虫65 ～ 85毫米，体色有褐色型和绿色型。绿色型头近三角形，淡绿色，两侧有白色纵条，纵条内侧有褐色纵带；腹部第7 ～ 8节有7条连接两节的斜条纹，各体节布满颗粒，尾角枯黄色，基部与最后一条斜纹相连；臀板与侧板间有褐色带；气门淡黄色，围气门片淡褐色；胸足棕黑色，腹足淡绿色，外侧有棕褐色横线。褐色型斑纹与绿色型相同，直观腹部背面有“人”字形，腹部各体节间白色；侧面观腹部各体节为三角形褐色斑。

发生规律与习性：幼虫取食叶片。1年发生1代，以蛹在土中越冬。

寄主：核桃、山核桃。

分布：北京、河北、山东、河南、内蒙古、青海、黑龙江、吉林、辽宁、浙江、江西、福建、湖南、湖北、广东、广西、贵州、台湾；日本、朝鲜、俄罗斯。

▲ 褐色型幼虫背面
▼ 褐色型幼虫侧面

▲ 绿色型幼虫
▼ 绿色型幼虫头胸部

▲ 幼虫尾部
▼ 成虫

丁香天蛾 *Psilogramma increta* (Walker)

别名：灰白天蛾。

形态特征：末龄幼虫体长80～100，体色有绿色型、褐色型及过度型。绿色型头部绿色，胸部绿色；腹部黄绿色，腹部有7条白色斜带。各类型紧贴斜带两侧有大小不等的褐色斑块，其中第1腹节和第7腹节最大，可覆盖大部分。围气门片白色，气门筛黑色。尾角褐色，具颗粒状小突起。胸足黄褐色，腹足同附近体色。臀板和臀足着生褐色颗粒。

发生规律与习性：幼虫取食叶片。1年发生2代，以蛹在土中越冬。

寄主：丁香、女贞、白蜡、梧桐、椤树、牡荆等。

分布：北京、河北、山西、陕西、山东、河南、湖南、湖北、江苏、上海、浙江、福建、江西、广东、广西、云南、贵州、海南、香港、台湾；日本、朝鲜。

◀ 幼虫侧面
◀ 幼虫背侧面
▲ 成虫

白肩天蛾 *Rhagsastis mongoliana* (Butler)

形态特征：末龄幼虫体长70～80毫米，体色褐绿，具有黑、白色网状斑纹，整体形态与蛇非常近似。头小，黑色。前胸小，中、后胸显著膨大。腹部第1节背面两侧各有1个大的眼型斑，斑的外缘具黑边，黑边内侧有白边，白边内侧具有较宽的橙黄色环形带，其内为黑色大斑。

发生规律与习性：幼虫爬出卵壳后用嘴慢慢啃吃卵壳，以补充营养，取食后的幼虫体色变为浅绿色，和叶片颜色相一致。在南方1年发生4代，以蛹在表土层越冬。

寄主：葡萄、凤仙花、乌莓。

分布：北京、河北、山西、青海、黑龙江、上海、安徽、浙江、江西、台湾、湖北、湖南、广东、广西、海南、四川、贵州；日本、朝鲜、俄罗斯、蒙古国。

▲ 成虫
◀ 幼虫背面
◀ 幼虫背侧面

蓝目天蛾 *Smerinthus planus* Walker

别名：柳天蛾。

形态特征：末龄幼虫70～80毫米，体黄绿色。头绿色，近三角形，两侧具淡黄色竖条斑。胸部绿色，腹部绿色偏黄，第1～8腹节两侧有淡黄色斜纹，最后一条斜纹直达尾角。气门筛淡黄色，围气门片黑色，前方常有1块紫色斑。胸足褐色；腹足绿色，端部褐色。

发生规律与习性：低龄幼虫食叶成缺刻或孔洞，稍大常将叶片吃光，残留叶柄。1年发生2代，以蛹在寄主附近土中作土室越冬。

寄主：杨、柳、桃、梅、李、沙果、海棠、樱桃、苹果。

分布：北京、河北、山西、山东、宁夏、甘肃、内蒙古、黑龙江、吉林、辽宁及长江流域各省份；朝鲜、日本、俄罗斯。

▲ 成虫
◀ 幼虫侧面（1）
◀ 幼虫侧面（2）

葡萄昼天蛾 *Sphecodina caudatea* (Bremer et Grey)

形态特征：低龄幼虫体白绿色，具尾角，后逐渐退化消失后形成突起，近老熟时演变为眼型斑。末龄幼虫体长50 ～ 60毫米，体绿色。头部绿色，额两侧各有1条纵向黑带。胸部亚背线及气门线各为1条棕色窄带。腹部气门线及第1 ～ 7节结合部处为具黑色网纹的粉红色带。腹中线紫黑色，腹足粉红色具黑斑，并有向前后辐射的黑色带，达各体节的前后缘。最典型的特点是腹部第8节背面中央有1个突出的眼型斑，中央圆形眼珠棕红色，具黑边，再外面是白环，再外圈是黑边最外边是混合色宽环。

发生规律与习性：幼虫取食叶片，1年发生1代。

寄主：葡萄、野葡萄、爬山虎。

分布：北京、黑龙江、吉林、辽宁、山东、河南、湖北、四川；朝鲜、日本。

▲ 低龄幼虫背面
▼ 幼虫侧面

▲ 幼虫腹面
▼ 幼虫尾部

红节天蛾 *Sphinx ligustri* Linnaeus

别名：水蜡天蛾。

形态特征：末龄幼虫体长80～90毫米，体绿色。头部绿色，两侧缘为竖条状紫褐色斑。胸部无斜线斑，胸足黄色。腹部各节自气门前下方的前缘至背部到后缘各有1条紫褐色斜线。尾角弧形弯曲，背面颜色同各节斜线，腹面基半部同体色。

发生规律与习性：幼虫取食叶片。1年发生1代，以蛹越冬。

寄主：水蜡树、丁香、梣皮、山梅、柑橘、女贞等。

分布：北京、天津、河北、黑龙江、吉林、辽宁、内蒙古、山西、山东；日本、朝鲜、非洲、欧洲。

▲ 幼虫背面
▼ 幼虫侧面

▲ 蛹
▼ 成虫

雀纹天蛾 *Theretra japonica* (Orza)

形态特征：末龄幼虫体长75～80毫米，有绿色型和褐色型两种色型。褐色型头褐色，背线深褐色，亚背线灰褐色，腹部斜纹前缘深褐色。胸部在亚背线上有小型白斑。腹部第1～2节亚背线上各有1对大眼斑，3～4节各有1对较小白斑。绿色型头褐色，胸部黄绿色，背线明显。腹部背面绿色，体侧黄绿色。

发生规律与习性：以幼虫在叶背蚕食叶片，造成叶片残缺不全。辽宁1年发生1代，以蛹在土中越冬。

寄主：葡萄、常春藤、白粉藤、爬山虎、虎耳草、绣球等。

分布：在我国广泛分布；朝鲜、日本。

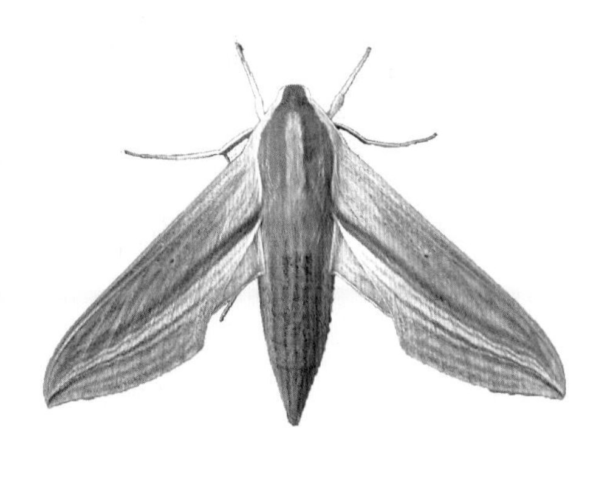

▲ 幼虫侧面（1）
▼ 幼虫侧面（2）

▲ 幼虫背面
▼ 成虫

芋双线天蛾 *Theretra oldenlandiae* (Fabricius)

别名：双线斜纹天蛾。

形态特征：末龄幼虫体长70～80毫米，体圆筒形，体色多变，紫褐色至绿褐色。头部至后胸呈锥形扩大，至后胸末端与腹部相等。胸部背面两侧各有1列黄色斑点。腹部第1～7节两侧各有1个眼型斑，斑缘黑色，其中第1～2节斑内有似黑色瞳孔。腹末端尾角黑色，端部白色。

发生规律与习性：幼虫取食叶片，严重时可将叶片吃光，仅剩主脉和枝条，甚至可使枝条枯死。1年发生2代，以蛹在土中越冬。

寄主：芋、山药、马铃薯、大白菜。

分布：东北、华北、陕西、宁夏、四川、江西、广西、台湾；日本、韩国、印度。

▲ 幼虫背面　　▲ 蛹
▼ 幼虫侧面　　▼ 成虫

中文名称索引

M

Q

拉丁学名索引

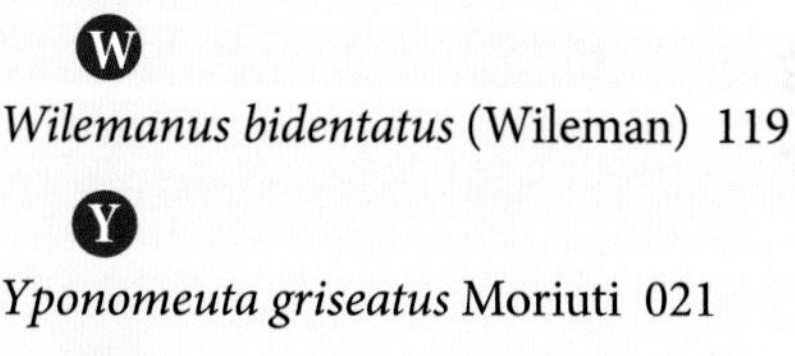

照片拍摄地点　扫码即可查看

图书在版编目（CIP）数据

鳞翅目幼虫彩色图鉴 / 石宝才等著. —北京：中国农业出版社，2021.8（2023.8重印）
ISBN 978-7-109-28173-8

Ⅰ.①鳞… Ⅱ.①石… Ⅲ.①鳞翅目－幼虫－中国－图集 Ⅳ.①Q969.420.8-64

中国版本图书馆CIP数据核字（2021）第077730号

鳞翅目幼虫彩色图鉴
LINCHIMU YOUCHONG CAISE TUJIAN

中国农业出版社出版
地址：北京市朝阳区麦子店街18号楼
邮编：100125
责任编辑：郭晨茜　国　圆
责任设计：杜　然　　责任校对：刘丽香
印刷：北京中科印刷有限公司
版次：2021年8月第1版
印次：2023年8月北京第3次印刷
发行：新华书店北京发行所
开本：787mm × 1092mm　1/16
印张：15
字数：450千字
定价：200.00元